"十二五"普通高等教育本科国家级规划教材配套实践教程

大学计算机基础实践教程

（修订版）

主　编　徐久成　　王岁花

副主编　孙全党　　岳冬利

科　学　出　版　社

北　京

内 容 简 介

本书是与《大学计算机基础》(ISBN 978-7-03-024550-2)配套的上机实验及综合练习教材。其内容本身是完整的，故也可单独使用。

本书安排了 20 多个实验，内容涵盖了计算机基础知识、Windows 7 操作系统、Word 2010、Excel 2010、PowerPoint 2010、网络与信息安全及多媒体技术等各个方面，大部分实验样例都来源于实际问题，并且经过整理和组织，能更好地指导实际应用。为了便于理解书中的知识与操作，还提供了精选习题及参考答案，以供学生练习之用。

本书可作为高等院校本、专科各专业学习计算机基础知识的实践指导教材，也可供各类计算机培训班和个人学习使用。

图书在版编目(CIP)数据

大学计算机基础实践教程/徐久成，王岁花主编. —修订版. —北京: 科学出版社, 2012

"十二五"普通高等教育本科国家级规划教材配套实践教程

ISBN 978–7–03–035423–5

Ⅰ. ①大… Ⅱ. ①徐… ②王… Ⅲ. ①电子计算机–高等学校–教材
Ⅳ. ①TP3

中国版本图书馆 CIP 数据核字 (2012) 第 199620 号

责任编辑：潘斯斯　于海云　张丽花/责任校对：纪振红
责任印制：霍　兵/封面设计：迷底书装

科 学 出 版 社 出版
北京东黄城根北街 16 号
邮政编码：100717
http://www.sciencep.com

北京市密东印刷有限公司　印刷
科学出版社发行　各地新华书店经销
*
2012 年 8 月第 一 版　开本：787×1092 1/16
2013 年 8 月修 订 版　印张：13 1/4
2017 年 8 月第十一次印刷　字数：325 000

定价：27.00 元
(如有印装质量问题，我社负责调换)

前　　言

本书是与《大学计算机基础》(ISBN 978-7-03-024550-2)配套的上机实验及综合练习教材，是按照计算机基础教学分类、分层组织教学的思路，结合学校教学的实际情况，组织从事计算机基础教学工作的一线教师编写而成。本书的主要宗旨是使学生能够快速掌握办公自动化应用技术、网络应用技术、多媒体技术，以便学生的计算机综合应用能力得到较大的提高。

全书共分 9 章：第 1～7 章是计算机基础实验指导，内容涵盖了计算机基础知识、Windows 7 操作系统、Word 2010、Excel 2010、PowerPoint 2010、网络与信息安全及多媒体技术等各个方面，大部分实验样例都来源于实际问题，并且经过整理和组织，能更好地指导实际应用；第 8 章和第 9 章分别提供了习题和参考答案，以供学生练习之用，便于学生理解书中的知识与操作，所选习题内容基本覆盖了教育部考试中心制定的《全国计算机等级考试考试大纲》中一级的计算机基础部分内容和二级的公共基础知识部分内容。

本书内容由浅入深，按照计算机基础的教学过程循序渐进，可指导学生更好地完成实践环节，帮助教师更好地组织教学活动，也为不同起点的读者创设一个主动学习的条件，完成从实践到理解、从理解到应用的学习过程。本书可以和《大学计算机基础》配套使用，因其内容自身是完整的，故也可单独使用。可作为高等院校本、专科各专业学习计算机基础知识的实践指导教材，也可供各类计算机培训班和个人学习使用。

本书由徐久成教授、王岁花教授主编，孙全党、岳冬利参加编写。其中孙全党编写了第 1 章、第 5～7 章、第 8 章的 8.1 节和 8.5～8.8 节、第 9 章的 9.1 节和 9.5～9.8 节，岳冬利编写了第 2～4 章、第 8 章的 8.2～8.4 节和第 9 章的 9.2～9.4 节，徐久成和王岁花负责全书的修改、统编和定稿工作。

本书在编写过程中得到了科学出版社和教学同行的大力支持和帮助，在此表示衷心的感谢。感谢读者选择使用本书，书中内容及文字中的不妥之处，敬请读者批评指正。

编　者
2013 年 5 月

目　　录

第1章 计算机基础知识

1.1 计算机硬件设备及其连接

1.1.1 实验目的

(1) 加深学生对计算机基本组成原理知识的理解；

(2) 认识常见的计算机硬件，了解各部件的功能；

(3) 了解计算机各部件的连接形式；

(4) 掌握计算机的基本组装技术。

1.1.2 实验说明

计算机是复杂的电子设备，经过 60 多年的不断更新换代，计算机在性能和复杂度上都有了翻天覆地的提高。但是其构成理论依然依据冯·诺依曼结构，由运算器、控制器、存储器、输入/输出设备组成。

常见的计算机组成部件与冯·诺依曼结构中的逻辑部件对照关系如下。

(1) 控制器——CPU。

(2) 运算器——CPU。

(3) 存储器——缓存、内存、硬盘、光驱、U 盘、移动硬盘等。

(4) 输入设备——键盘、鼠标、麦克风(含声卡)、扫描仪、数码摄像机、数码相机等。

(5) 输出设备——显示系统(含显卡与显示器)、声音输出系统(含声卡、音响)、打印机等。

这些设备通过主板上的接口有机地结合在一起协同工作。不同部件所采用的接口存在很大的差别，目前常用的接口包括以下几种。

(1) CPU 与主板的接口：Socket AM2、Socket939、Socket940、Socket754、Socket775 等。

(2) 内存与主板间的接口：SDR、DDR、DDR2、DDR3 等。

(3) 显卡与主板间的接口：ISA、PCI、AGP、PCI Express 等。

(4) 硬盘(光驱)与主板的接口：IDE、SATA、SCSI 等。

(5) 功能扩展接口：ISA、PCI、AGP、PCI Express 等。

(6) 其他接口：COM、LPT、USB、IEEE 1394 等。

随着微电子技术的快速发展，在计算机中电子元件的集成度飞速提升，使得组装计算机变得简单了许多。

图 1-1 所示为一个典型的微型计算机系统，从外观来看计算机由主机、显示器、键盘、鼠标等组成。主机箱内主要有 CPU、主板、电源、显卡、内部存储器(简称内存)、外部存储器(硬盘、光盘驱动器等)。主机箱的前面板上通常有光盘驱动器前面板、电源开关、复位按

钮、电源指示灯与硬盘工作指示灯；机箱后面留有与各种外部设备的接口，如鼠标、键盘、显示器、USB、网卡接口以及其他输入/输出接口。

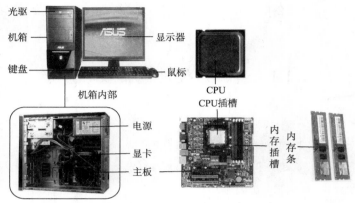

图 1-1 微型计算机硬件组成

1.1.3 实验内容

1. 连接电源

我们生活中使用的市电是 220V 电压的交流电，计算机工作需要几伏至十几伏的直流电。机箱内有专门的电源将市电转为计算机工作所需的直流电，常见的计算机电源如图 1-2 所示。在连接时，电源线带插头的一端通过电插座与市电相连，另外一端连入市电接入口。

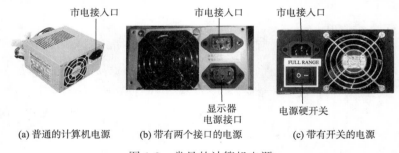

(a) 普通的计算机电源   (b) 带有两个接口的电源   (c) 带有开关的电源

图 1-2 常见的计算机电源

在有的计算机电源上还提供了显示器电源接口(图 1-2(b))和电源硬开关(图 1-2(c))。其中显示器电源接口可连接显示器的电源线，电源硬开关可以在较长时间不用计算机时彻底关闭电源。

 提示

这里的"电源硬开关"是与计算机主机箱前面板上的电源开关相对而言的。一般情况下，用前面板上的电源开关或操作系统的"关闭计算机"功能关闭计算机后，计算机的个别部件仍处于低功耗的带电状态，在较长时间不用计算机时应及时关掉主机电源的硬开关或市电插座的开关，这样才能彻底关闭计算机的电源。

2. 连接显示器信号线

通过显示器的信号线可以将显示器与主机连接起来，显示器的信号线一端从显示器引出

（部分显示器的信号线接显示器端是固定的），另外一端通过蓝色的 15 针 D-Sub 接口连接到计算机主机的显卡输出接口，如图 1-3 所示。

(a) 显示器信号线两端的 D-Sub 公接口

(b) 显卡端的 D-Sub 母接口

(c) 显示器上的 D-Sub 母接口

(d) 显示信号线的连接

图 1-3　显示设备信号接口及连接

 提示

D-Sub 接口可分为公接口和母接口两种，其中显卡、显示器上的接口为母接口（图 1-3(b)、图 1-3(c)），显示信号线上的接口大都为公接口（图 1-3(a)）。为避免连接错误，显示接口呈 D 形（梯形）设计，在连接显示信号线时，必须注意接口的安装方向。

3. 连接显示器电源线

显示器电源线的连接方式与主机电源线的连接方式类似，一端连接在显示器电源插口上，另外一端连接在市电插座上。如果主机电源上有显示器电源接口，可以用公母接口的电源线将其与显示器连接。其中公接口一端连接到电源上的显示器电源输出接口，母接口一端连接到显示器上的电源接口，如图 1-4 所示。

(a) 直连市电的电源两端　(b) 连接主机电源与显示器的电源线两端

图 1-4　电源线接口类型

4. 键盘和鼠标的连接

键盘和鼠标通过 PS/2 或者 USB 接口与主机连接。连接时，将键盘和鼠标的连接线末端的插头插入计算机主机箱后的 PS/2 或 USB 接口，如图 1-5 所示。

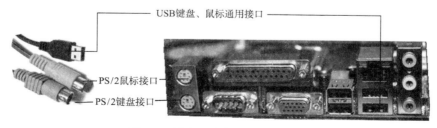

图 1-5　键盘、鼠标的接口及连接

提示

PS/2 的键盘、鼠标接口不能连错，紫色的接口是连键盘的，绿色的接口是连鼠标的。连接 PS/2 接口时还要注意针脚与针孔的方向位置对应，否则就插不上甚至把针脚折断。PS/2 接口的键盘、鼠标不能进行热插拔(即不能带电插拔)。

5. 连接网线

大多情况下，计算机使用双绞线联入网络。双绞线与网络设备的连接是通过双绞线末端的 RJ-45 水晶头实现的。连接网线时，手持双绞线末端的水晶头，对准机箱后面的 RJ-45 网卡接口(图 1-6)，注意水晶头与 RJ-45 接口的方向保持一致插入到底，听到"咔"的一声即可。

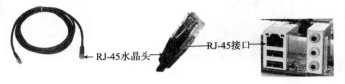

图 1-6　连接双绞线

 提示

要移除连在网络设备或主机上的网线，可以按下水晶头上的塑料片，然后将网线拔出。

6. 连接 USB 设备

USB 是一个外部总线标准，用于规范计算机与外部设备的连接和通信。USB 接口支持设备的即插即用和热插拔功能。USB 接口可用于连接多达 127 种外设，如 U 盘、移动硬盘、手机、MP3、MP4、调制解调器、键盘和鼠标等。

连接 USB 设备时，首先将 USB 连接线的一端与有关设备(移动硬盘、数码相机、手机等)的 USB 接口连接，然后将另外一端与计算机上的 USB 接口相连，如图 1-7(a)所示。

 提示

有些老式的移动硬盘在通过 USB 接口连接计算机时，可能会出现供电不足的情况，此时应该使用一端带双插头的连接线，并将双插头都连接到计算机的 USB 接口(图1-7(b))，尤其是通过主机前面板上的 USB 接口连接时，更应该注意。

(a) USB设备及连线　　　　　　　　(b) 双插头的USB连线

图 1-7　连接 USB 设备

7. 移除 USB 设备

要移除计算机连接的 USB 设备，可以在计算机工作状态下进行，对于 U 盘、移动硬盘之类的存储设备，必须首先卸载该设备，否则可能会丢失存储设备中的数据。在 Windows 7, 系统中单击桌面右下角状态栏中的"安全删除并弹出媒体"按钮 ，系统弹出安全删除当前所有可卸载的设备的菜单项，选择其中要卸载的设备即可。

1.2　键盘指法练习

1.2.1　实验目的

(1) 认识计算机键盘上常用键的作用；

(2) 掌握键盘打字时的正确坐姿和十指分工；

(3) 掌握正确的击键方法；

(4) 熟练地输入字母、数字及标点符号。

1.2.2　实验说明

当前，常见的计算机键盘皆采用标准英文键盘，不论是以拼音方式输入还是以字形方式输入，都是利用英文键盘来实现的。最科学和最合理的打字方法是盲打法，即打字时双目不看键盘，视线专注于文稿和屏幕。这就要求在掌握正确击键指法的基础上，还要多做打字练习，可结合相关打字软件进行辅助练习，同时注重测试打字速度，提高练习效率，学会盲打。

1. 认识键盘

整个键盘分为五个小区，上面一行是功能键区和状态指示区；下面的五行是打字键区、编辑键区和数字键区，如图 1-8 所示。

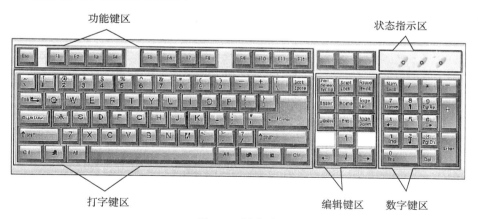

图 1-8　键盘分区图

对计算机用户来说，必须熟悉键盘上各个键的用处。键盘上的按键除了包括 26 个英文字母，10 个阿拉伯数字，一些特殊符号外，还附加一些功能键。

(1)[Backspace]：退格键，删除光标左边的一个字符。

(2)[Enter]：回车键，将光标移至下一行首。

(3)[Caps Lock]：Caps Lock 是 Capitals Lock 的简写，称为大小写锁定键，为字母大小写切换之用，主要用于连续输入若干个大写字母。在大写状态下，状态指示区对应的指示灯亮。

（4）[Shift]：上挡键，其基本功能有两个。其一是字母大小写临时转换，当按下 Shift 键时可以在小写状态下输入大写字母，反之亦然。此外按下 Shift 键可以输入双字符按键上的靠上字符。

（5）[Ctrl]、[Alt]：控制键，必须与其他键一起使用，完成一定的控制功能。

（6）[Tab]：跳格键，将光标移到下一个跳格位置。

（7）空格键：键盘上最长的按键，每次输入一个空格。

（8）功能键：功能键区 F1～F12 键的功能根据具体的操作系统或应用程序而定。

（9）[Insert]：插入键，该键的功能为插入/改写状态切换，当设置为插入状态时，在文本编辑状态下，每输入一个字符，该字符就被插入到当前光标所在的位置上，并且原光标处的字符和其后的所有字符一起右移一格。当切换为改写状态时，每次输入的字符会将光标所在的当前字符覆盖掉。

（10）[Delete]：删除键，删除当前光标位置的字符。

（11）[Home]：将光标移至当前行首。

（12）[End]：将光标移至当前行尾。

（13）[Page Up]：向上（向前）翻页。

（14）[Page Down]：向下（向后）翻页。

（15）方向键：即上、下、左、右箭头，可以控制光标的上、下、左、右移动。

此外，数字键盘区有 10 个数字键以及相关的运算符号，用于大量输入数字的情况，如在财会的输入方面。当使用数字键盘输入数字时应按下[Num Lock]键使键盘状态指示区对应的 Num Lock 指示灯亮，否则数字键盘区的按键功能与编辑键区的按键功能相当。

2. 打字姿势

打字之前一定要端正坐姿。如果坐姿不正确，不但会影响打字速度，而且还很容易疲劳、出错。正确坐姿的要领主要包含以下内容。

（1）两脚平放，腰部挺直，两臂自然下垂，两肘贴于腋边，手腕放松且保持水平。

（2）显示器与键盘位于用户的正前方，显示器屏幕与眼睛等高或者稍低。

（3）身体可略倾斜，离键盘的距离为 20～30 厘米。

（4）手掌以腕为轴略向上抬起，手指自然弯曲地轻放在键盘上，从手腕到指尖形成一个弧形，手指指端的第一关节同键盘垂直，轻放在基本键（"A"、"S"、"D"、"F"、"J"、"K"、"L" 与 "；"）上，左右手大拇指放在空格键上。

（5）打字文稿放在键盘左边，或用专用夹，夹在显示器旁边。

（6）打字时眼观文稿，身体不要跟着倾斜。

3. 十指分工

手指第二关节处自然弯曲成弧形，左手小指、无名指、中指、食指分别置于"A"、"S"、"D"、"F"键上，右手食指、中指、无名指、小指分别置于"J"、"K"、"L"与分号"；"键上，左右手拇指自然弯曲，轻置于空格键上，如图 1-9 所示。

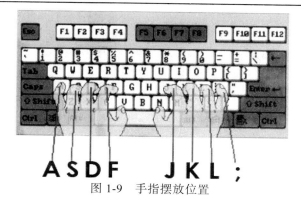

图 1-9　手指摆放位置

在键盘中，第三排键中的"A"、"S"、"D"、"F"和"J"、"K"、"L"与分号"；"这 8 个键称为基本键(也叫基准键)。基本键对应手指常驻的位置，其他键都是根据基本键的键位来定位的。左右 8 个手指与基本键的各个键相对应，固定好手指位置后，不得随意离开，千万不能把手指的位置放错，一般来说现在的键盘，"F"和"J"键上均有凸起(手指可以明显地感觉到)，这两个键就是左右手食指的位置。打字过程中，离开基本键位置去打其他键，击键完成后，手指应立即返回到对应的基本键上。

手指与键位的搭配即手指分工，就是把键盘上的全部字符键合理地分配给两手的十个手指，并且规定每个手指打哪几个字符键。左右手指所规定要打的字符键都是一条或两条左斜线，如图 1-10 所示。在打字过程中，每个手指只能打指法图上规定的键，不要击打规定以外的键，不正规的手指分工对后期速度提升是一个很大的障碍。

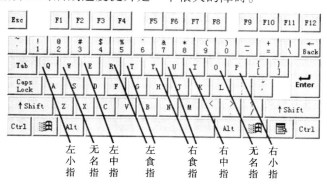

图 1-10　键盘及十指分工图

空格键由两个大拇指负责，左手打完字符键后需要击空格时用右手拇指击空格，右手打完字符键后需要击空格时用左手拇指击空格。

Shift 键是用来进行字母大小写及其他多字符键转换的，Shift 键在打字区的左、右侧各有一个，操作左边的字符键则用右手按 Shift 键，反之用左手按 Shift 键。

数字键盘的基准键位是"4"、"5"、"6"，分别由右手的食指、中指和无名指负责。在基准键位基础上，数字键盘左侧自上而下的"7"、"4"、"1"三键由食指负责；以此类推，中指负责"／"、"8"、"5"、"2"；无名指负责"*"、"9"、"6"、"3"和"."；右侧的"－"、"＋"、"Enter"由小指负责；大拇指负责"0"，数字键盘指法手指分工如图 1-11 所示。

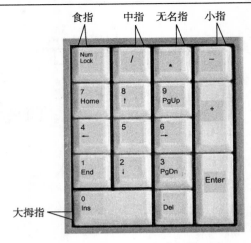

图 1-11　数字键盘指法手指分工图

1.2.3　实验内容

指法练习是计算机操作中最基础的技能练习，需要足够时间的重复训练。为减少或避免练习过程中的枯燥感，可以使用专业的打字练习软件进行训练。这里重点推荐金山公司开发的免费软件"金山快快打字通 2011"。

金山快快打字通是金山公司的一款明星产品，由金山集团旗下珠海金山快快科技有限公司运营的一款打字、学习、上网的必备软件。它提供了英文打字、拼音打字、五笔打字三种主流输入法的针对性练习；针对初学者每种输入法均从最简单的字母或字根开始，慢慢过渡到词组和文章练习；速度测试检验练习效果，提供速度测试以便练习者随时检查自己的练习成果，也可用于同学间的打字比赛；打字练习寓教于乐，提供打字练习，在练习中快速提高键位熟悉程度。

在 Windows 下启动"金山快快打字通 2011"软件后得到如图 1-12 所示的系统首页面，左侧的导航栏列出了该软件相关的主要功能，其中包括英文打字、拼音打字、五笔打字、速度测试、打字游戏、上网导航、打字教程。在此重点关注英文打字功能。

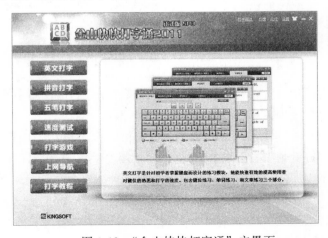

图 1-12　"金山快快打字通"主界面

1. 键位练习

单击软件首页左侧的"英文打字"选项，系统将转到图 1-13 所示的英文打字工作界面。其中，"键位练习"分为初级和高级两个级别。

图 1-13　"金山快快打字通"英文打字界面

键位练习(初级)适用于刚接触计算机键盘的学习者,屏幕上直观地显示出计算机键盘按键布局。用户通过初级键位练习可以快速熟悉各个键位在键盘的位置，为今后的练习做准备。在此练习中增加了手指图形，不但可以提示每个字母在键盘上的位置，而且可以知道用哪个手指来敲击当前需要键入的字符，若用户按键错误则必须重新敲击正确的按键才能继续进行。工作界面的下端是状态栏，实时显示出当前用户的训练计时、速度、进度和准确率等信息。工作界面右上角有"课程选择"按钮可以自主选择不同键位的练习课程。键位练习课程是按照人们循序渐进的学习规律设置的，先由最基本的键位练起，逐渐扩展到全部手指的键位。

用户通过键位练习(初级)的训练，基本掌握了键盘上各个键的键位之后，就可以进入键位练习(高级)阶段的训练了。与键位练习(初级)相比，键位练习(高级)则更接近于英文打字的实战。工作页面中出现的是课程对应的键盘布局中的字符串序列，不再显示手指图形提示信息。系统对用户的错误输入以醒目的红色提醒，用户可以按 Backspace 键删除之前输入的错误字符，如图 1-14 所示。在键位练习(高级)训练中也可以进行课程选择，让用户自行设定训练内容。

 提示

指法练习技巧：左右手指放在基本键上；击完其他键迅速返回原位；食指击键注意键位角度；小指击键力量保持均匀；数字键采用跳跃式击键。

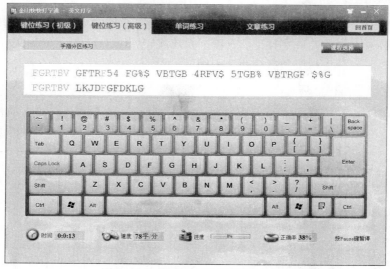

图 1-14　"键位练习（高级）"工作界面

2. 综合练习

当用户对键盘的各个键位比较熟悉后，就可以进入综合练习阶段了。"金山快快打字通"的"单词练习"与"文章练习"就以英文打字实战的方式为用户提供了初级和高级两个阶段的训练模块。

"单词练习"模块巧妙地将指法练习与单词记忆融为一体，用户可以通过"课程选择"按钮选择小学、初中、高中或者大学英语四六级的单词作为训练内容，工作页面中仍然保留键盘图形的键位提示，方便用户盲打。当前单词的音标与中文含义也在工作页面中出现，方便用户记忆，如图 1-15 所示。

图 1-15　"单词练习"工作界面

在"单词练习"的基础上，"文章练习"模块又增加了难度。该模块以 30 篇格言文章为训练内容，取消了键盘图形的键位提示，完全与实战接轨。在练习时必须集中精力，做到手、脑、眼协调一致，尽量避免看键盘，初级阶段的练习即使速度很慢，也一定要保证输入的准确度。

 提示

牢记指法训练的要领：正确指法、键盘记忆、集中精力、准确输入、刻苦训练。

1.3　中文字符输入

1.3.1　实验目的

（1）熟练掌握用智能 ABC 输入法输入汉字的方法；
（2）熟悉智能 ABC 输入法的汉字输入技巧；
（3）掌握各种常用的中文符号输入方法。

1.3.2　实验说明

按汉字输入时的媒体类型，汉字输入可分为语音输入、手写输入和键盘输入三类。目前，语音输入技术比较成熟，但应用环境有限，容易扰民。手写输入业已达到较高的准确率，但输入的速度太慢。所以目前最常用的中文字符输入途径依然是通过键盘输入。

一般来说使用键盘输入汉字的方法分为两类，即字音输入和字形输入，分别根据汉字的汉语拼音和汉字的字形来输入。对于广大的中国计算机用户来说，使用键盘输入汉字的最直接方法是使用拼音输入法，而我国目前的汉语拼音就是源于 26 个英文字母。拼音输入法的优点是简单易学，只要会汉语拼音就可以使用拼音输入法，但缺点是输入速度不如五笔输入法或其他的字型输入法快。为了提高拼音输入法的效率，不少人都尝试对拼音输入法进行改进，从而开发了如微软拼音、智能 ABC、搜狗拼音、Google 拼音、智能狂拼等多种输入法。总的来说，拼音输入法面对的是一般计算机操作人员，主要用于不需要输入大量汉字的场合。这里以 Windows 7 系统自带的一个高效拼音输入法为例介绍中文字符的输入，其他中文输入法的使用方法与此大同小异。

智能 ABC 输入法（又称标准输入法）是中文 Windows 7 系统中自带的一种汉字输入方法，由北京大学朱守涛教授在传统拼音输入法的基础上改进而成。它简单易学、快速灵活，受到用户的青睐。为方便提高汉字输入的速度，智能 ABC 配备了内容丰富的词库。智能 ABC 的词库以《现代汉语词典》为蓝本，同时增加了一些新的词汇，共收集了大约六万词条。其中单音节词和词素占 13%；双音节占着很大的比重约有 66%；三音节占 11%；四音节占 9%；五至九音节占 1%。词库不仅具有一般的词汇，也收入了一些常见的方言词语和专门术语，如人名有"周恩来"等中外名人三百多人；地名有国家名称及大都市、名胜古迹和中国的城市、地区一级的地名，约 2000 条。此外还有一些常用的口语和数词、序数词。熟悉词库的结构和内容，有助于恰当地断词和选择效率高的输入方式。

智能ABC输入法的主要特色功能包括内容丰富的词库、允许输入长词或短句、自动记忆功能、强制记忆、频度调整和记忆、中文输入状态下可以很方便地输入英文、以词定字输入功能、特殊符号输入功能、笔形输入功能、简码输入功能等。

1.3.3 实验内容

1. 准备工作

（1）打开"写字板"。在 Windows 7 中执行"开始"|"所有程序"|"附件"|"写字板"命令，打开"写字板"窗口。

（2）切换输入法。Windows 7 系统默认的输入法切换组合键为 Ctrl+Shift，使用该组合键可以在系统当前可用的多个输入法之间切换。逐次按 Ctrl+Shift 组合键直至屏幕上出现智能 ABC 输入法提示窗 ▧标准 ↲↗▤ 为止。

2. 基本打字操作

（1）全拼输入。如果用户使用汉语拼音比较熟练，可以使用全拼输入法。按规范的汉语拼音输入，在输入拼音过程中，同音的汉字按使用的频度顺序列出，按空格键可直接选择第一个汉字，选择其余汉字则需要按对应的编号；若没有看到需要的汉字，可以用 PageUp、PageDown 键前后翻页。输入时为了提高效率，建议按词输入，输入顺序与平时书写汉语拼音的过程完全一致。词与词之间用空格或者标点隔开。在输入拼音时，应该注意隔音符号(')的使用。

 提示

由于汉语拼音中的 ü 在普通键盘上没有布局，用英文字母 v 代替，如汉字"女"的拼音输入码为"nv"。为避免某些汉字的拼音与词的拼音重码，特使用英文的单引号为隔音符号，如汉字"先"的拼音输入码为"xian"，"西安"的拼音输入码为"xi'an"。

在写字板中输入"我们打算为亲爱的妈妈购买一些吐鲁番的葡萄干。"这句话，句中的"我们"、"打算"、"亲爱"、"妈妈"、"购买"、"一些"、"吐鲁番"、"葡萄干"等都可以词为单位输入。

（2）输入长词或短句。智能 ABC 允许输入 40 个字符以内的字符串。这样一来，在输入过程中，能输入很长的词语甚至短句，还可以使用←、→键调整光标(插入点)位置，在相应位置对输入的拼音进行插入、删除等编辑操作。

在"写字板"中使用短句输入功能输入"吐鲁番的葡萄熟了。"这句话。输入步骤如表 1-1 所示。

表 1-1　长词短句输入

步骤	操作	输入状态
1	输入短句的拼音	▧标准 ↲↗▤ tulufandeputaoshule
2	按空格键一次，此时看到候选词符合需要	▧标准 ↲↗▤ 吐鲁番deputaoshule
3	按空格键一次，候选字"的"处于首位，符合需要，不用选择	▮1.的2.地3.得4.滴5.底6.锝 ▧标准 ↲↗▤ 吐鲁番的putaoshule
4	按空格键一次，候选词"葡萄"处于首位，符合需要，无需选择	▮1.葡萄2.蒲桃 ▧标准 ↲↗▤ 吐鲁番的葡萄shule

续表

步骤	操作	输入状态
5	按空格键一次，候选字"熟"排在第 4 位，需要按 4 键选择该字	1.书2.树3.数4.熟5.输6.梳7.叔8.属　标准　吐鲁番的葡萄书le
6	候选字"了"处于首位，符合需要，按空格键即可完成输入	1.了2.乐3.勒4.肋5.仂6.叻7.嘞8.嘞　标准　吐鲁番的葡萄熟了

（3）使用自动记忆功能。智能 ABC 输入法能够自动记忆词库中没有的新词，如人名、地名等。这些词都是标准的拼音词，可以和基本词汇库中的词条一样使用。智能 ABC 输入法允许记忆的标准拼音词最大长度为 9 个字，最大词条容量为 17000 条。

之前已经以长词短句方式输入了"吐鲁番的葡萄熟了"这句话，系统自动记忆了该短句，再次输入同样内容时，可以直接输入拼音组合然后按空格键即可完成。

 提示

输入长词或短句过程中，若系统提示的词组与用户的需要不符，可以按 Backspace 键或者 Enter 键重新手动选择。刚被记忆的词并不立即存入用户词库中，至少要使用三次后，才有资格长期保存。新词栖身于临时记忆栈之中，如果栈"客满"，而当它还不具备长期保存资格的时候，就会被后来者挤出。

智能 ABC 设计了词频调整记忆功能。要启用词频调整功能，可以右击智能 ABC 输入法提示窗，选择快捷菜单中的"属性设置"，在弹出的"智能 ABC 输入法设置"对话框选中"词频调整"复选项。启用词频调整功能后，不需要人为干预，系统把具有最高频度值的候选词作为优先候选词显示在靠前的位置。

（4）简拼输入与混拼输入。简拼的规则为取各个音节的第一个字母输入。对于包含 zh、ch、sh（知、吃、诗）的音节，也可以取前两个字母组成。混拼输入是两个音节以上的拼音码，有的音节全拼，有的音节简拼。这样可以大大降低按键的次数，提高输入效率。

例如：词汇"战争"，全拼码为"zhanzheng"，简拼码为"zhzh"或"zhz"、"zzh"、"zz"，混拼码为"zhanzh"或"zzheng"等。

在"写字板"中使用简拼输入功能输入"吐鲁番的葡萄熟了。"这句话。可以直接输入"tlfdptsl"八个声母加空格键快速完成操作。

（5）使用"以词定字"输入汉字。用一个双音节或多音节的词，用"以词定字"确定其中的单字，可以减少单字输入中的重码。无论是标准库中的词，还是用户自己定义的词，都可以用来定字。方法是先输入词的编码，然后用"["键取第一个字、"]"键取最后一个字。

在"写字板"中使用以词定字输入功能输入"吐鲁番"的"番"字。可以直接输入"吐鲁番"的简拼"tlf"，然后按"]"键即可得到"番"字，按空格键确认输入，完成操作。

（6）中文数量词简化输入。智能 ABC 提供阿拉伯数字和中文大小写数字的转换能力，对一些常用量词也可简化输入。其中，"i"为输入小写中文数字的前导字符，"I"为输入大写中文数字的前导字符。系统规定的数量词字输入中字母的含义如表 1-2 所示。

表 1-2　数量词简化输入键位定义表

按键	数量词	按键	数量词	按键	数量词	按键	数量词
ig	个	is	十	ib	百	iq	千
ix	升	Is	拾	Ib	佰	Iq	仟
iw	万	ie	亿	iz	兆	id	第
in	年	iy	月	ir	日	it	吨
ik	克	i$	元	if	分	il	里
im	米	ij	斤	io	度	ip	磅
iu	微	ii	毫	ia	秒	ic	厘

在“写字板”中使用中文数量词简化输入功能输入“一千二百四十五米”，操作方法为“i1 iq i2 ib i4 is i5 im”。输入“壹仟贰佰肆拾伍米”的操作方法为“I1 Iq I2 Ib I4 Is I5 im”。

（7）使用强制记忆功能输入。强制记忆一般用来定义那些非标准的汉语拼音词语。利用该功能，只需输入词条内容和编码两部分，就可以直接把新词加到用户库中。允许定义的非标准词最大长度为 15 字；输入码最大长度为 9 个字符；最大词条容量为 400 条。

在写一篇论文时，需要经常使用特殊符号，如表示序号的符号“No”，而每次键入这一符号时，都必须使用特殊符号的输入工具，十分繁琐。这时可以采用强制记忆的方法，将“No”定义成“n”（当然也可以是任意定义的其他编码），即在“新词”文本框中输入“No”，在“外码”文本框中输入“n”，单击“添加”按钮，即完成了强制记忆。用强制记忆功能定义的词条，输入时应当以“u”字母打头。例如，键入“un”，按空格键，即可得到刚刚定义的“No”符号，这中间不需要任何切换的过程。

使用强制记忆功能定义“河南师范大学[www.htu.cn]”短句，外键为“hsd”。在智能 ABC 输入法状态窗右击，选择快捷菜单中的“定义新词”命令，打开如图 1-16 所示的“定义新词”对话框，进入强制记忆过程。在“新词”文本框中输入“河南师范大学[www.htu.cn]”，在“外码”文本框中输入“hsd”，然后单击“添加”按钮即可完成强制记忆。接下来使用智能 ABC 输入“uhsd”，按空格键，即可得到“河南师范大学[www.htu.cn]”。

图 1-16　“定义新词”对话框

（8）双打输入。为了提高输入速度，智能 ABC 为专业录入人员提供了一种快速的双打输入。双打的基本思路是用单个的声母代替多字母组合的韵母（表 1-3），用单个的韵母代替多字母组合的声母（表 1-4）。一个汉字在双打方式下，只需要击键两次：奇次为声母，偶次为韵母。单击智能 ABC 输入法状态窗中的“标准”即可切换至双打输入模式，此时输入法状态窗中的“标准”修改为“双打”。

表 1-3　双打输入韵母键位定义表

键位	Q	W	E	R	T	Y	U	I	O	P
定义	ei	ian	e	iu,er	uang iang	ing	u	i	uo o	uan（üan）
键位	A	S	D	F	G	H	J	K	L	
定义	a	ong iong	ua ia	en	eng	ang	an	ao	ai	
键位	Z	X	C	V	B	N		M		
定义	iao	ie	inuai	ü	ou	un（ün）		ui　ue（üe）		

表 1-4　双打输入声母键位定义表

键位	E	V	A	O（'）
声母	ch	sh	zh	O声母

有些汉字只有韵母，称为零声母音节：奇数次键入“o”字母（o 被定义为零声母），偶数次为韵母。虽然击键为两次，但是在屏幕上显示的仍然是一个汉字规范的拼音。

 提示

在双打输入方式下，简拼的输入采取全部大写（在标准输入方式下也有效，而且不用隔音符号），例如：

汉字	全拼码	简拼码	双打码
明枪暗箭	mingqiang'anjian	mq'aj	MQAJ

在写字板中使用双打输入方式输入“有个老套的故事说，有人希望他的计算机能像他的电话机一样好用。他的愿望实现了，因为我已经不知道该如何使用自己的电话了。长此以往，除了按键的手指外，人类的肢体将全部退化。”

（9）拼音输入过程中输入英文。在输入拼音的过程中（“标准”或“双打”方式下），如果需要输入英文，可以不必切换到英文方式，只需键入“v”作为标志符，后面跟随要输入的英文。例如：在输入过程中希望输入英文“windows”，键入“vwindows”，按空格键即可。

（10）中文标点符号的输入。各种常用的中文标点符号都集中在 GB-2312 字符集 1-9 区，在智能 ABC 标准输入状态下，按字母 v + 数字(1-9)，即可获得该区的符号。最常用的中文标点符号可以直接输入，这些最常用的中文标点符号在键盘上的位置如表 1-5 所示。

表 1-5　中文标点符号键位定义表

中文标点		对应键位	中文标点		对应键位
、	顿号	\\	，	逗号	,
；	分号	;	：	冒号	:
！	感叹号	!	？	问号	?
（	左括号	(	……	省略号	^
）	右括号	)	——	破折号	_或&
。	句号	.	“”	双引号	" 左右交替
·	间隔号	@	‘’	单引号	' 左右交替

在"写字板"中使用智能 ABC 输入法输入以下内容：【毛泽东】同志在《论十大关系》一文中说："我们要调动一切直接的和间接的力量，为把我国建设成为一个强大的社会主义国家而奋斗。"其中的标点符号对应的按键分别为书名号（<、>）、双引号（"两次）、逗号（,）与句号（.）；"【"与"】"符号可以通过输入"v1"调出 1 区的标点符号，然后按 PageDown键三次转到第四页即可看到该符号，此时按一次符号"【"的编号 6 即可完成"【"的输入，符号"】"的编号为 7，需要重复之前的操作，然后按 7 即可。

 提示

通过单击智能 ABC 输入法状态窗 中的中英文符号按钮 可以切换当前的中英文符号输入状态。若该按钮显示的是中文的句号和逗号，说明现在处于中文标点符号输入状态，可以用键盘输入表 1-5 中列出的中文标点符号。否则就是英文符号输入状态，按相应键输入的是英文标点符号。

（11）通过软键盘输入特殊字符。右击智能 ABC 输入法状态窗 中的"软键盘"按钮 ，在打开的快捷菜单中可以选择多种软键盘，其中包括 PC 键盘、希腊字母、俄文字母、注音符号、拼音、日文平假名、日文片假名、标点符号、数字序号、数学符号、单位符号、制表符、特殊符号等。选择需要使用的软键盘如"数学符号"，系统将在屏幕上显示"数学符号"软键盘，如图 1-17 所示。用户可以单击软键盘上的字符键完成输入，也可以对照软键盘的提示使用键盘输入需要的字符。

图 1-17　　"数学符号"软键盘

在"写字板"中使用智能 ABC 输入法的软键盘输入以下内容：rén shēng shì yī chǎng kǔ lǚ, kǔ zhōng zuò lè jué duì shì yī zhǒng néng lì。其中带声调的拼音字母比较特殊，可以调出"拼音"软键盘，然后从软键盘中找到带声调的拼音字母。

 提示

通过单击智能 ABC 输入法状态窗 中的全角/半角按钮 切换字母数字的全角/半角状态。若该按钮显示的形状是月牙形状 ，说明当前处于半角状态，则输入的字母和数字为半角（英文字符集）字符（如 123abcdABCD），每个半角字母（数字）占半个汉字的位置。若该按钮显示的形状是整圆形状 ，说明当前处于全角状态，则输入的字母和数字为全角（中文字符集）字符（如 1 2 3 4 a b c d A B C D），每个字母（数字）占一个汉字的位置。

（12）使用笔形输入方式输入汉字。在不会汉语拼音，或者不知道某字的读音时，可以使用笔形输入法。按照基本的笔画形状，将笔画分为八类，如表 1-6 所示。

表 1-6　智能 ABC 输入法中的笔形

序号	笔形代码	笔形名称	汉字举例
1	1	横(提)	"二"、"要"、"厂"、"正"
2	2	竖(捺)	"同"、"师"、"少"、"党"
3	3	撇	"但"、"箱"、"斤"、"月"
4	4	点	"写"、"忙"、"定"、"间"
5	5	折(竖弯钩)	"对"、"队"、"刀"、"弹"
6	6	弯(乚)	"匕"、"她"、"绿"、"以"
7	7	叉(十、乂)	"草"、"希"、"档"、"地"
8	8	框(囗)	"国"、"跃"、"是"、"吃"

　　输入取码时按照笔顺，最多取 6 笔。含有笔形"十(7)"和"囗(8)"的结构，按笔形代码 7 或 8 取码，而不将它们分割成简单笔形代码 1～6。例如，汉字"簪"笔形描述为"314163"，"果"笔形描述为"87134"，"丰"笔形描述为"711"。

　　简单汉字，即独体字，可按笔画顺序逐一取码。例如，汉字"小"的笔形描述为"534"，"串"的笔形描述为"882"，"我"的笔形描述为"315"，"事"的笔形描述为"185115"，"乎"的笔形描述为"34315"。

　　复杂汉字，即合体字，可将其按左右、上下或外内分为两块，每个字块最多取三个笔画对应的笔形码。若第一个字块多于三码，限取三码，然后开始取第二个字块的笔形码；若第一个字块不足三码，第二个字块可顺延取码；第二字块仍可一分为二，按每部顺延取码。例如，汉字"船"(第一个字块多于三码)的笔形描述为"33536"，"敲"(第一个字块多于三码)的笔形描述为"418217"，"国"(第一个字块不足三码)的笔形描述为"81714"，"做"的笔形描述为"32783"，"花"的笔形描述为"72323"。

　　对于一些特殊的偏旁部首，可以按下列约定编码：

耳	非	忄	火	女	艹	卅	开	井	弗	凸	凹
122	211	424	433	631	72	132	1132	1132	51532	25	26

　　笔形输入并不方便，除非万不得已，一般情况下并不单独使用，而是采用音形混合输入的方法。音形混合输入可以极大地减少重码率。其输入规则为

　　(拼音 + [笔形描述]) + (拼音 + [笔形描述]) + … + (拼音 + [笔形描述])

　　其中，"拼音"可以是全拼、简拼或混拼。对于多音节词的输入，"拼音"一项是不可少的；"[笔形描述]"项可有可无。其笔形的顺序为我们写字时的正常顺序。

　　例如，汉字"礞"，输入"meng1"，即采用全拼加上第一笔笔形的方式；词组"实现"，可以输入"shixian1"或"sh4x"或"s4x1"。采用音形混合输入可以减少重码率，从而极大地提高输入的速度。

　　在"写字板"中使用智能 ABC 输入法的软键盘输入以下内容："石室诗士施氏，嗜狮，誓食十狮。氏时时适市视狮。十时，适十狮适市。是时，适施氏适市。氏视是十狮，恃矢势，使是十狮逝世。氏拾是十狮尸，适石室。石室湿，氏使侍拭石室。石室拭，氏始试食是十狮。食时，识是十狮，实十石狮尸。试释是事。"

第 2 章　操　作　系　统

2.1　Windows 7 基本操作和文件管理

2.1.1　实验目的

(1) 掌握 Windows 7 的基本操作；

(2) 掌握文件和文件夹的管理操作；

(3) 熟悉资源管理器的组成及基本操作。

2.1.2　实验说明

(1) 新建文件夹：在 C 盘根目录上建立树状文件夹结构，如图 2-1 所示。

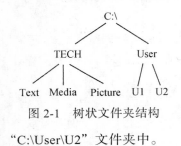

图 2-1　树状文件夹结构

(2) 新建文件和打开、保存、关闭文件：在 "C:\TECH\Text" 文件夹中创建文本文件 a.txt 和 b.txt，并在 a.txt 文件中输入个人简历。

(3) 复制和移动文件：在 "资源管理器" 窗口中，首先将 a.txt 和 b.txt 这两个文本文件同时复制到 "C:\User\U1" 文件夹中，然后将 "C:\User\U1" 文件夹中的 b.txt 文件移动到 "C:\User\U2" 文件夹中。

(4) 设置文件属性：将 "C:\TECH\Text" 文件夹中的文件 b.txt 的文件属性设置为 "隐藏" 和 "只读" 属性。

(5) 重命名文件：将 "C:\TECH\Text" 文件夹中的文件 a.txt 重新命名为 aa.txt。

(6) 查找文件：在 "C:\WINDOWS" 文件夹中选择查找大小不超过 10KB 的 WAV 格式的音频文件，并把它们复制到 "C:\TECH\Media" 文件夹中。

(7) 删除和还原文件：删除 "C:\TECH\Media" 文件夹中文件最小的两个 WAV 文件，再从 "回收站" 中恢复被删除的文件。

(8) 创建快捷方式：在桌面为 "C:\TECH\Text" 文件夹和系统自带的 "画图" 程序创建快捷方式。

(9) 屏幕抓图：利用 Print Screen 键抓取整个桌面窗口并制作成图片文件 a.png，将该文件保存到 "C:\TECH\Picture" 文件夹中。

2.1.3　实验内容

1. 新建文件夹

(1) 在 "计算机" 窗口中，双击 "本地磁盘(C:)" 图标，打开硬盘驱动器 C。

（2）在 C 盘窗口中，单击"文件"菜单，在"新建"级联菜单中，选择"文件夹"命令；或右击窗口文件列表区的空白处，利用快捷菜单也可完成。

（3）此时在窗口中就会显示一个新的文件夹，如图 2-2 所示，默认名称"新建文件夹"，呈反显状态，提示用户可以修改文件夹的名称。

图 2-2　名字呈反显状态

（4）直接输入"TECH"后，按 Enter 键或单击窗口文件列表区的空白处，即创建一个名称为 TECH 的新文件夹。用同样的方法可以创建一个 User 文件夹。

（5）双击 TECH 文件图标，打开 TECH 文件夹窗口，目前为空窗口。

（6）在空窗口中，用上述建立文件夹方法依次建立 Text、Media、Picture 3 个文件夹。

（7）单击"地址栏"中的"本地磁盘(C:)"使窗口返回到"本地磁盘(C:)"浏览状态，双击 C：下的 User 文件夹图标，打开 User 文件夹，依次建立 U1 和 U2 两个文件夹。

2. 新建文件和打开、保存、关闭文件

（1）新建文本文件 a.txt 有以下两种方法。

方法 1：进入"C:\TECH\Text"文件夹，右击窗口中文件列表区的空白处，在打开的快捷菜单中选择"新建"|"文本文档"命令，在当前文件夹中创建一个"新建文本文档"文件，名称呈反显状态，提示用户可以输入文件名称，这里输入"a"，按 Enter 键或单击窗口文件列表区的空白处，即创建一个名称为 a.txt 的文件。

 提示

Windows 7 有时候是不显示已知文件类型扩展名的。如果需要显示文件类型扩展名，则在当前窗口选择"工具"|"文件夹选项"命令，打开"文件夹选项"对话框，在"查看"选项卡"高级设置"中取消"隐藏已知文件类型的扩展名"复选框。此时，若采用方法一新建文本文件，呈反显状态的将是"新建文本文档.txt"中的"新建文本文档"，若重命名时要修改扩展名，则系统提示"重命名"对话框，如图 2-3 所示。

图 2-3　"重命名"对话框

方法 2：利用"记事本"程序建立文本文件。首先选择"开始"|"所有程序"|"附件"|"记事本"命令，启动"记事本"应用程序；然后选择"文件"|"保存"命令，打开"另存为"对话框，选择保存在"C:\TECH\Text"文件夹，在"文本名"框中输入"a"，单击"保存"按钮，即建立了 a.txt 文件。

[图标] 提示

在对文件进行保存时，一定要注意选择文件的保存位置，否则需要记住系统默认的保存位置。保存的文件类型一般会根据应用程序自动匹配，除非有特别要求一般不用指定。

（2）用上述新建文本文件的方法建立 b.txt 文件。

(3) 在"C:\TECH\Text"窗口中双击 a.txt 文件图标打开该文件,这时可以输入个人简历,编辑结束后选择"文件"|"保存"命令实现存盘。

(4) 选择"文件"|"退出"命令退出"记事本"程序。

3. 复制和移动文件

(1) 右击"计算机",在弹出的快捷菜单中选择"打开"命令,打开 Windows 资源管理器窗口。

(2) 在资源管理器的左侧窗格中找到 C 盘下的 TECH 文件夹,单击其下的 Text 文件夹,在右侧窗格将显示该文件夹中的内容,如图 2-4 所示。

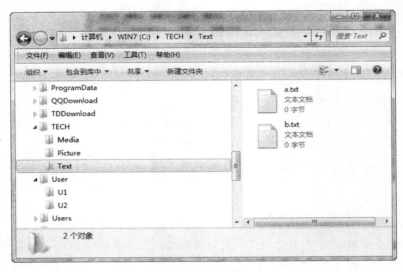

图 2-4 　"资源管理器"窗口

 提示

窗口左侧的导航窗格可以根据需要随时控制其隐藏和显示。通过选择窗口菜单栏下的工具栏"组织"|"布局"|"导航窗格"按钮进行切换,当该选项被选中时,左侧窗格按照文件夹窗格显示,否则隐藏。导航窗格显示方式即通常所说的资源管理器方式,导航窗格把系统中所有资源以一个树形结构的框架显示出来。

(3) 按下 Ctrl+A 快捷键,选定"C:\TECH\Text"文件夹中的所有文件,即 a.txt 和 b.txt,再选择"编辑"|"复制"命令。

(4) 通过左侧窗格打开 C 盘 User 文件夹的子文件夹 U1,在右侧窗格的空白处右击,在快捷菜单中选择"粘贴"命令,a.txt 和 b.txt 文件即被复制到 U1 文件夹。

(5) 用鼠标拖曳右侧窗格中的 b.txt 文件到左侧窗格中的 U2 文件夹,实现移动操作。

 提示

读者可参考以上操作,实现文件的复制和移动。复制和移动文件是 Windows 中的常用操作,可以用多种方式完成,操作时要注意区分正在进行的是移动还是复制操作。

4. 设置文件属性

（1）右击"C:\TECH\Text"文件夹中的 b.txt 文件，从弹出的快捷菜单中选择"属性"命令，打开"属性"对话框。

（2）在该对话框中，选中"只读"和"隐藏"复选框，单击"确定"按钮即可。

 提示

设置为隐藏属性的文件在一般情况下不被显示。可通过"工具"|"文件夹选项"命令，打开"文件夹选项"对话框，在"查看"选项卡"高级设置"中单击"不显示隐藏的文件、文件夹或驱动器"或"显示所有文件、文件夹和驱动器"单选按钮，来设置是否隐藏文件和文件夹。如果设置了"显示所有文件、文件夹和驱动器"，则隐藏的文件和文件夹显示效果是浅色的，以表示它们与普通文件不同。

5. 重命名文件

（1）右击"C:\TECH\Text"文件夹中的 a.txt 文件，从弹出的快捷菜单中选择"重命名"命令。

（2）直接输入文件名称，按 Enter 键或单击窗口文件列表区的空白处即可完成文件的重命名。

6. 查找文件

（1）在导航窗格中单击 C 盘下的 Windows 文件夹，在"资源管理器"窗口右上角的搜索框中可以输入要检索的文件或文件夹名字。

（2）在搜索框中，输入要查找的文件名"*.wav"（表示所有 WAV 格式的音乐文件）。

（3）单击搜索框下拉列表中的"大小"选项，搜索框增加预设的文件大小的搜索设置，如图 2-5 所示，在此单击"微小(0-10KB)"选项，表示搜索的文件大小不超过 10KB。

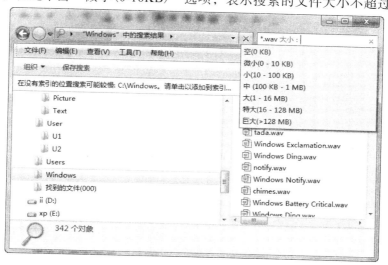

图 2-5 按文件大小搜索设置

（4）无需按 Enter 键系统将自动按设定条件进行检索。单击"搜索"按钮，开始相应内容的搜索，结果将出现在右侧窗格中。

（5）选定搜索到的所有文件，把它们复制到"C:\TECH\Media"文件夹中。

7．删除和还原文件

（1）打开"C:\TECH\Media"文件夹，选择"查看"|"详细信息"命令，该文件夹下的文件以详细信息方式显示，如图 2-6 所示。

图 2-6　"C:\TECH\Media"文件夹窗口

（2）单击右窗格上方的"大小"按钮，对当前文件夹中的文件按文件大小升序排序，观察此时"大小"按钮旁边会出现三角形标志大小 ▲，表示此时文件由小到大排序(若再次单击"大小"按钮，按钮将变为大小 ▼，文件由大到小排列)。

（3）单击选中第一个 WAV 文件，按下 Ctrl 键的同时，再单击第二个 WAV 文件，选中其中的最小的两个 WAV 文件。

（4）选择"文件"|"删除"命令或直接按 Delete 键，屏幕上会弹出对话框，提示"确实要将这 2 项移动到回收站吗？"，单击"是"按钮，即可把选中的文件移动到回收站。

 提示

对于位置连续的文件或文件夹，可单击要选定的第一文件或文件夹，然后按下 Shift 键的同时单击最后一个文件或文件夹，即可一次性选定多个文件。

若选定多个不连续对象，可按下 Ctrl 键，然后依次单击要选定的文件或文件夹。

（5）在双击桌面上的"回收站"图标，打开"回收站"窗口。

（6）选定刚才删除的 WAV 文件并右击，在弹出的快捷菜单中选择"还原"命令，选定的文件即可被还原到"C:\TECH\Media"文件夹中。

8．创建快捷方式

（1）右击"C:\TECH\Text"文件夹，在弹出的快捷菜单中选择"发送到桌面快捷方式"命令，即在桌面创建了该文件夹的快捷方式。

图 2-7　快捷菜单

（2）打开"开始"菜单，将光标移到"所有程序"|"附件"|"画图"上，按住右键，将其拖动到桌面，弹出快捷菜单如图 2-7 所示，选择"在当前位置创建快捷方式"命令，即在桌面为"画图"程序创建了快捷方式。

9. 屏幕抓图

（1）关闭桌面上各个窗口或将其最小化，按下 Print Screen 键，将整个桌面作为图片复制到剪贴板上。

（2）选择"开始"｜"所有程序"｜"附件"｜"画图"命令，打开画图程序。

（3）选择"编辑"｜"粘贴"命令，就可以把抓取的图复制到画布上。

（4）选择"文件"｜"保存"命令，打开"保存为"对话框，选择保存在"C:\TECH\Picture"文件夹，在"文本名"框中输入"a"，单击"保存"按钮，即建立了 a.png 文件。

 提示

为了增强文章的可读性，许多介绍如何使用计算机的书刊，经常插入一些图片。可使用专业抓图软件实现计算机抓图，若没有抓图软件，可直接用 Print Screen 键从计算机屏幕上抓取。按下 Print Screen 键，当前屏幕上显示的内容将会被全部抓下来，若只需抓取当前活动窗口，需要按下 Alt 键的同时按 Print Screen 键。

2.2 Windows 7 系统设置

2.2.1 实验目的

（1）掌握如何使用控制面板对系统进行一些基本设置；
（2）掌握一些简单的系统优化工具的使用。

2.2.2 实验说明

（1）查看系统属性。查看计算机系统的基本信息，如操作系统版本、CPU 主频、内存容量及计算机名等。

（2）设置鼠标属性。将鼠标的属性设置成左手习惯，移动时显示指针轨迹并且双击速度适中。

（3）设置桌面背景图片。设置新图片为桌面背景，图片以拉伸方式显示。

（4）设置屏幕保护程序。设置等待 1 分钟屏幕保护，且屏幕保护程序为"三维文字"，文字内容为"计算机考试"，文字字体为"黑体"，字形为"粗体"。

（5）设置窗口颜色和外观。设置窗口色彩为"大海"，图标大小为"24"，字体为"微软雅黑"，字号为"12"。

（6）调整显示器设置。调整显示器的颜色质量，设置为"真彩色(32 位)"，屏幕分辨率设置为 1024×768 像素，显示器的刷新率设置为 75 赫兹。

（7）设置日期和时间。修改系统的时间和日期，并设置任务栏通知区域上的时间指示器的显示样式为"tt hh:mm:ss"，上午符号为"AM"，下午符号为"PM"，如"PM 08:00:00"。

（8）设置简单文件共享。将"C:\TECH"文件夹设置为共享，使局域网上任意一台计算机不需要提供密码就可以访问到该共享资源。

(9) 使用系统工具维护系统。使用"磁盘清理"程序删除临时文件，释放硬盘空间；使用"磁盘碎片整理"程序整理文件存储位置，合并可用空间，提高系统性能。

2.2.3　实验内容

1. 查看系统属性

(1) 选择"开始"|"控制面板"在打开的"控制面板"窗口中双击"系统"图标，也可以右击"计算机"图标，在弹出的快捷菜单中选择"属性"命令，都能打开"系统"窗口。

(2) 在"系统"窗口中显示了计算机系统的基本信息，如操作系统版本、处理器信息、内存容量、计算机名称、所属工作组、产品 ID 等，如图 2-8 所示。

图 2-8　"系统"窗口

2. 设置鼠标属性

(1) 双击"控制面板"窗口中的"鼠标"图标，打开"鼠标 属性"对话框。

(2) 单击"鼠标键"选项卡，在"鼠标键配置"选项组中选中"切换主要和次要的按钮"复选框，则鼠标设置为左手习惯，在"双击速度"选项组中拖曳速度滑块调整鼠标响应速度，如图 2-9 所示。

(3) 在"鼠标 属性"对话框中选择"指针选项"选项卡，在"可见性"选项组中选中"显示指针轨迹"复选框，如图 2-10 所示，则鼠标在移动过程中将显示轨迹。

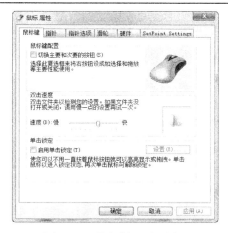

图 2-9　"鼠标键"选项卡　　　　　　　　　图 2-10　"指针选项"选项卡

3. 设置桌面背景图片

（1）右击桌面空白处，在弹出的快捷菜单中选择"个性化"命令，打开"个性化"窗口，单击窗口底部的"桌面背景"选项，打开"桌面背景"窗口，如图 2-11 所示。

（2）在"图片位置"下拉列表框中可以设置桌面墙纸图片的来源，单击"浏览"按钮可以自定义新的图片来源文件夹，选中的图片来源包含的图片将在其下的列表框中预览显示。用户可以单击选择一个或多个(配合 Ctrl 或 Shift 键)图片作为桌面墙纸(即背景图片)，单击"全选"按钮则选中全部图片。选中多个图片时系统将自动在规定时间间隔内进行切换。

（3）通过窗口下端的"图片位置"下拉列表可以设置图片的显示方式，其中包括填充、拉伸、适应、平铺、居中等选项。"更改图片时间间隔"下拉列表框用来设置不同图片的切换时间。背景图片的相关设置修改完毕，单击"保存修改"按钮结束操作。

4. 设置屏幕保护程序

（1）右击桌面空白处，在弹出的快捷菜单中选择"个性化"命令，打开"个性化"窗口，单击"个性化"窗口底部的"屏幕保护程序"选项，打开"屏幕保护程序设置"对话框，如图 2-12 所示。

图 2-11　"桌面背景"窗口　　　　　　　图 2-12　"屏幕保护程序设置"对话框

（2）从"屏幕保护程序"下拉列表中选择"三维文字"，在"等待"数值框中输入 1，表示计算机闲置 1 分钟后将启动屏幕保护程序。单击"设置"按钮打开"三维文字设置"对话框，在"自定义文字"文本框中输入"计算机考试"，单击"选择字体"按钮，在弹出的"字体"对话框中设置字体为"黑体"，字形为"粗体"，单击"确定"按钮直至返回"屏幕保护程序"选项卡，如图 2-12 所示，此时若单击"预览"按钮可预览所选屏幕保护程序相应效果，若单击"确定"按钮可使设置生效。

5. 设置窗口颜色和外观

（1）右击桌面空白处，在弹出的快捷菜单中选择"个性化"命令，打开"个性化"窗口，单击"个性化"窗口底部的"窗口颜色"选项，打开"窗口颜色和外观"窗口，如图 2-13 所示。在该窗口可以设定窗口的基本颜色和窗口的透明效果。在此选择颜色为"大海"，单击该窗口左下角的"高级外观设置"打开"窗口颜色和外观"对话框如图 2-14 所示。单击"窗口颜色和外观"窗口底端的"保存修改"按钮关闭该窗口。

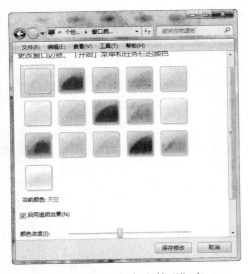
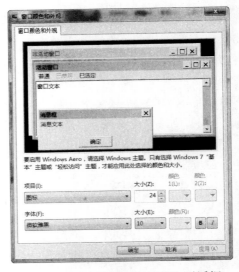

图 2-13　"窗口颜色和外观"窗口　　　　　图 2-14　"窗口颜色和外观"对话框

（2）在"窗口颜色和外观"对话框中的"项目"下拉列表框中选择"图标"，大小设置"24"，在"字体"下拉列表框中选择"微软雅黑"，大小设置为"12"，如图 2-14 所示，依次单击"确定"按钮使设置生效。

6. 调整显示器设置

（1）右击桌面空白处，在弹出的快捷菜单中选择"屏幕分辨率"命令，打开"屏幕分辨率"窗口，单击"分辨率"右侧的下拉列表框，拖动滑块至 1024×768 处，如图 2-15 所示，然后单击"应用"按钮即可。

（2）单击打开"屏幕分辨率"窗口中的"高级设置"按钮，打开"监视器与适配器"设置对话框，单击"监视器"标签切换至"监视器"选项卡，如图 2-16 所示，从"颜色"下拉列表框中选择"真彩色（32 位）"，在"屏幕刷新频率"下拉列表中选择"75 赫兹"。

图 2-15 "屏幕分辨率"窗口

图 2-16 "监视器与适配器"设置对话框

 提示

用户可以选择的颜色质量方案和所用显示卡有关。高档的显示卡支持的颜色数目较多，显示效果也更好一些。一般显示卡支持的颜色包括 4 种：16 色、256 色、增强色（16 位）和真彩色（32 位）。

显示器刷新率的高低直接影响到使用者的眼睛疲劳。人眼所适应的显示器刷新率是 60～85 赫兹，刷新频率过低会使人感觉到屏幕闪烁，但刷新率过高会使显示器使用寿命下降。和 CRT 显示器相比，液晶显示器采用"背光（Backlight）"原理，使用灯管作为背光光源，通过辅助光学模组和液晶层对光线的控制来达到较为理想的显示效果。所以从理论角度上看，调整刷新率对液晶显示器没有实际意义。

7. 设置日期和时间

（1）右击任务栏通知区域上的时间指示器，在弹出的快捷菜单中选择"调整日期/时间"命令打开"时间和日期"对话框，单击对话框中的"更改日期和时间"按钮，打开如图 2-17 所示的"时间和日期设置"对话框，从"日期"区域中单击月份和年份设置新的年月值，在日历上直接单击要设置的日期。在时钟下面的"时间"数值框中设置或输入时间。

（2）单击"日期和时间设置"对话框中的"更改日历设置"选项，打开"自定义格式"对话框，单击"时间"标签切换至"时间"选项卡，如图 2-18 所示。在"时间格式"设置区中的"长时间"下拉框中选择时间格式为"tt hh:mm:ss"，"AM 符号（M）"设置为"AM"，"PM 符号（P）"设置为"PM"，依次单击"确定"按钮使设置生效。

 提示

CMOS 存储了微机系统的时钟信息和硬件配置信息等。如果计算机每次开机时系统时间日期总是被还原到某一时间点，如 2000 年 1 月 1 日 0 时，那就基本上确定 CMOS 电池没电了。这时需要更换主板上的 CMOS 电池，重新设置最新的时间和日期。

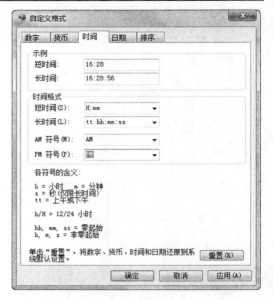

图 2-17 "时间和日期设置"对话框　　　　　　图 2-18 "时间"选项卡

8. 设置简单文件共享

（1）如果系统还没有启用简单文件共享，可右击桌面上的"网络"图标，在弹出的快捷菜单中选择"属性"命令打开"网络和共享中心"窗口，单击窗口左侧的选项打开"高级共享设置"窗口，在窗口的"文件和打印机共享"设置区选中"启用文件和打印机共享"单选按钮，然后单击"保存修改"按钮启用设置。

（2）打开"资源管理器"窗口，浏览 C 盘，右击 C 盘根目录下的"TECH"文件夹，在弹出的快捷菜单中选择"共享"|"家庭组（读取）"命令即可设置只读型共享，本网络组中的计算机都可以通过网络读取该文件夹。若选择快捷菜单中的"共享"|"家庭组（读取/写入）"命令，则其他计算机可以向该文件夹中写入或删除文件。

（3）右击 TECH 文件夹，选择快捷菜单中的"属性"命令，在打开的"TECH 属性"中单击"共享"标签切换至"共享"选项卡，如图 2-19 所示，可以看到该文件夹的共享情况。

（4）要想取消密码保护，使对方无需输入进行密码验证即可访问该共享文件夹，可以单击对话框底部的"网络和共享中心"选项，打开"高级共享设置"窗口，在该窗口的"密码保护的共享"设置区选中"关闭密码保护共享"选项，关闭密码保护。

（5）此时，在局域网中另外一台计算机通过打开桌面上的"网络"图标，找到这台计算机后可以访问设置的共享文件夹。

图 2-19 "TECH 属性"对话框

提示

一旦共享了某一文件夹,其子文件夹也同样会被共享。虽然共享属性对于一个硬盘分区同样适用,但在 Windows 7 中,为了防止计算机受到未经授权的访问,系统不建议用户共享驱动器的根目录。

9. 使用系统工具维护系统

(1) 单击"开始"按钮,选择"所有程序"|"附件"|"系统工具"|"磁盘清理"命令,打开"选择驱动器"对话框。在对话框中选择要进行清理的磁盘驱动器,然后单击"确定"按钮,打开"磁盘清理"对话框,如图 2-20 所示。

(2) 在"磁盘清理"选项卡中,将"要删除的文件"列表框中的复选框全部选中,然后单击"确定"按钮,即可将所选文件删除,释放出其占用的空间。

(3) 再次打开"磁盘清理"对话框,切换到"其他选项"选项卡,如图 2-21 所示。在此,可以通过删除不用的 Windows 组件、不用的程序和所有的还原点来释放更多的磁盘空间。

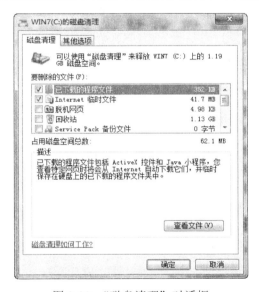

图 2-20 "磁盘清理"对话框

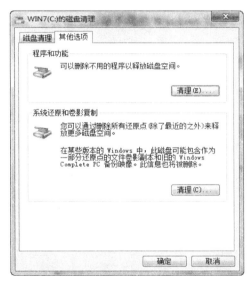

图 2-21 "其他选项"选项卡

(4) 选择"开始"|"所有程序"|"附件"|"系统工具"|"磁盘碎片整理程序"命令,打开"磁盘碎片整理程序"窗口,如图 2-22 所示。

(5) 先单击"分析"按钮对磁盘进行分析,若确实需要整理,则再单击"碎片整理"按钮进行整理。

 提示

磁盘碎片整理程序用于合并计算机硬盘上存储在不同碎片上的文件和文件夹,从而使这些文件和文件夹中的任意一个都只占据磁盘上的一块空间。将文件首尾相接整齐存储而没有碎片时,磁盘读写速度将加快。

用户可以定期(最好每月一次)运行磁盘碎片整理程序，分析磁盘碎片情况，看是否需要进行整理，如果数字高于 10%，则应该对磁盘进行碎片整理。当然也，可以单击窗口中的"配置计划"按钮将磁盘碎片整理加入到 Windows 7 的计划任务中，定时自动执行磁盘碎片整理。

图 2-22 "磁盘碎片整理程序"窗口

第 3 章　Word 2010 文字处理

3.1　字处理文档的创建与格式化编排

3.1.1　实验目的

(1) 掌握 Word 文档的建立、保存与打开方法；

(2) 掌握文本内容的选定及编辑操作；

(3) 掌握文本的查找与替换操作；

(4) 掌握文档字符格式化的操作；

(5) 掌握文档段落格式化的操作。

3.1.2　实验说明

为了唤起同学们对资源的节约，对环境的保护，学生会向全校发起了熄灯一小时倡议，请利用 Word 制作如图 3-1 所示"地球一小时"倡议书，基本要求如下。

(1) 文档的建立和保存：新建 Word 文档，并输入图 3-2 所示文本，保存在"D:\"中，文件名为"地球一小时倡议书.docx"。

(2) 插入外部文档：将素材文档"地球 1 小时.docx"插入到文档"地球一小时倡议书.docx"起始处。素材文档的内容如图 3-3 所示。

(3) 文本的移动和复制：将在(2)中新插入的文本移动到原文第 4 段"今年，在倡导家庭、办公室……"段落之前。

(4) 文本的查找与替换：将文档中所有的"地球 1 小时"替换为"加粗"字形的"地球一小时"。

(5) 字符的格式化：将文档首行(段)文字"'地球一小时'倡议书"字体设为"黑体"，字号设为"二号"，字形设为"加粗"，字符间距设为加宽 3 磅，并为其加拼音显示；将其余段落文字字体设为"楷体"，字号设为"小四"；将第 4 段中的文字"每年 3 月最后一个星期六 20:30-21:30"字形设为"加粗"且"倾斜"，并为其加"红色双下划线"。

(6) 段落的格式化：按以下要求对"地球一小时倡议书.docx"进行段落格式化。

①段落对齐：设置文档第 1 段居中对齐；第 2 段居左对齐；最后两段居右对齐。

②段落缩进：设置文档第 3 段、第 5～12 段首行缩进 2 个字符；第 4 段左右各缩进 2 个字符。

③行间距：设置全文为 1.5 倍行距。

④段间距：设置第 1 段和第 2 段段落间距段前为 0.5 行，段后为 1 行；设置第 13 段段落间距为段前 1 行。

⑤分栏：将第 5 段分为等宽的两栏，中间加分割线。

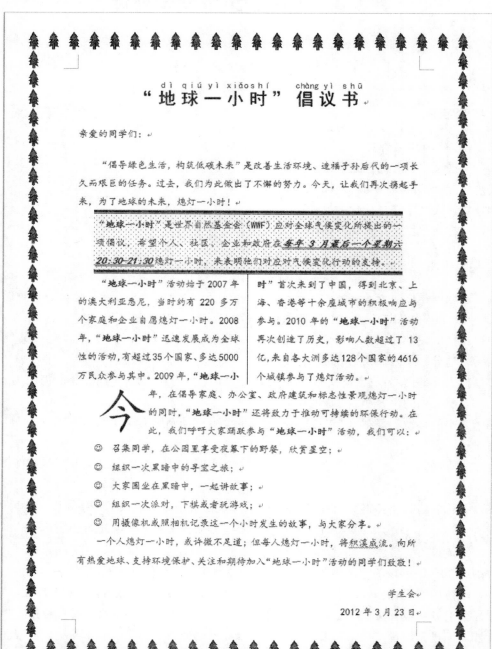

图 3-1　"地球一小时"倡议书

"地球1小时"倡议书
亲爱的同学们：
"倡导绿色生活，构筑低碳未来"是改善生活环境、造福子孙后代的一项长久而艰巨的任务。
过去，我们为此做出了不懈的努力。今天，让我们再次携起手来，为了地球的未来，熄灯一小时！
今年，在倡导家庭、办公室、政府建筑和标志性景观熄灯一小时的同时，"地球1小时"还将致力于推动可持续的环保行动。在此，我们呼吁大家踊跃参与"地球1小时"活动，我们可以：
召集同学，在公园里享受夜幕下的野餐，欣赏星空；
组织一次黑暗中的寻宝之旅；
大家围坐在黑暗中，一起讲故事；
组织一次派对，下棋或者玩游戏；
用摄像机或照相机记录这一个小时发生的故事，与大家分享。
一个人熄灯一小时，或许微不足道；但每人熄灯一小时，将积溪成流。向所有热爱地球、支持环境保护、关注和期待加入"地球一小时"活动的同学们致敬！
学生会
2012 年 3 月 23 日

图 3-2　输入的文本

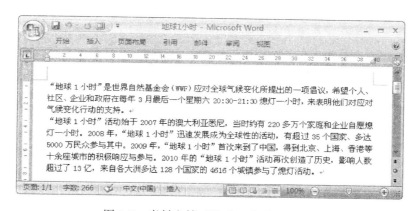

图 3-3　素材文档"地球 1 小时.docx"

⑥首字下沉：为第 6 段设置首字下沉，下沉 3 行。

⑦项目符号或编号：为第 7～11 段 5 个段落添加项目符号"☺"。

⑧边框和底纹：如图 3-1 样文所示，为第 4 段加上宽度为 3 磅的双线边框 ▆▆▆▆▆，并添加 5%的黄色底纹；为整篇文档添加艺术型页面边框 ❧❧❧❧❧。

3.1.3　实验内容

1. 文档的建立与保存

（1）启动 Word 2010 程序，系统会自动新建一个空白文档。也可通过选择"文件"按钮 |"新建"命令，打开"新建"任务窗口，在"可用模板"选项组中选择"空白文档"选项，然后单击"创建"按钮即可。

（2）在新建的文档中输入图 3-2 所示文本，暂且不管字体及格式。

提示

输入文本时，所输入的字符总是位于光标所在位置，随着字符的输入，光标不断右移，直至文档编辑的右边界，光标将自动移动到下一行的左边界位置。

图 3-2 所示文本，分为 12 个段落。输入过程中只有开始一个新段落时才按 Enter 键，这时 Word 会自动插入一个段落标记，并且将插入点光标移动到新段落段首，表示下一个段落的开始。

(3) 输入完毕后，选择"文件"按钮|"保存"命令，打开"另存为"对话框，选择"保存位置"为"D:\"，在对话框下方的"文件名"文本框中输入要保存的文件名"地球一小时倡议书"，在"保存类型"下拉列表框中选择"Word 文档(*.docx)"选项，单击"保存"按钮，完成新文档的保存工作。

2. 插入外部文档

(1) 将插入光标定位到文档起始处。

(2) 在"插入"选项卡|"文本"组中，单击"对象"旁边的箭头，然后单击"文件中的文字"。

(3) 在弹出的"插入文件"对话框中，找到所需的素材文档"地球 1 小时.docx"，然后双击该文件，即可完成外部文档的插入。

3. 文本的移动和复制

(1) 将插入光标定位到文档起始处。

(2) 按住鼠标左键并拖动鼠标至新插入文本的最末端，注意要选定第 2 段的段落标记。此时，文本块呈反显状态。

(3) 用鼠标指针指向该文本块，当指针变为指向左上角的箭头时，按下鼠标左键，拖动选定文本内容到原文第 4 段"今年，在倡导家庭、办公室……"段首处，完成移动操作。若拖动的同时按住 Ctrl 键，则实现复制操作。

 提示

在 Word 中，选定文本一般用鼠标操作比较方便，表 3-1 列出了选定文本的常用方法。

表 3-1　选定文本的常用方法

选　定	操　作
任意数量的连续文本	将插入点定位到要选定部分的第一个文字的左侧，按住鼠标左键，拖动至要选定部分的最后一个文字右侧
较大的文本块	将插入点定位到要选定的文本起始位置，然后按住 Shift 键，单击结束位置
一个词	在单词中的任何位置双击
一行文本	将指针移到行的左侧，在指针变为右向箭头后单击
多个连续行	将指针移动到第一行的左侧，在指针变为右向箭头后，按住鼠标左键，同时向上或向下拖动指针
一个句子	按下 Ctrl 键，然后在句中的任意位置单击

续表

选　　定	操　　作
一个段落	将指针移到行的左侧，在指针变为右向箭头后双击，或者在段落中的任意位置连击三次
不同位置的文本	先选定第一处文本，然后按住 Ctrl 键，同时选定所需的任何其他文本
整篇文档	将指针移动到任意文本的左侧，在指针变为右向箭头后，可连击三次或按下 Ctrl 键并单击

4．文本的查找与替换

（1）单击"开始"选项卡|"编辑"组|"替换"按钮，弹出"查找和替换"对话框，在该对话框中若看不到"格式"按钮，则单击"更多"按钮，对话框将全部展开。

（2）在"查找内容"框中输入"地球 1 小时"，在"替换为"框中输入"地球一小时"。

（3）单击"替换为"框，再单击"格式"按钮，选择"字体"，打开"字体"对话框。

（4）在"字体"对话框的"字形"列表框中选择"加粗"，单击"确定"按钮，返回"查找和替换"对话框，如图 3-4 所示。

图 3-4　"查找和替换"对话框

（5）单击"全部替换"按钮，屏幕上会弹出对话框，报告已替换完毕。此时，文档中所有的"地球 1 小时"全部被替换为"加粗"字形的"地球一小时"。

（6）单击报告对话框的"确定"按钮，关闭"查找和替换"对话框，返回文档窗口。

 提示

利用"查找和替换"对话框上的"特殊格式"按钮，还可以搜索和替换特殊字符和文档元素，如制表符和手动分页符等。

5．字符的格式化

（1）选定文档首行内容，依次做如下操作。

①在"开始"选项卡|"字体"组中，如图 3-5 所示，单击"字体"下拉列表框，选择"黑体"；单击"字号"

图 3-5　"字体"组

下拉列表框，选择"二号"；单击"加粗"按钮，为文字加粗。

②在"开始"选项卡上单击"字体"对话框启动器，打开"字体"对话框；在"高级"选项卡中，单击"间距"下拉列表框，选择"加宽"；在"磅值"数值框中输入"3 磅"，单击"确定"按钮关闭该对话框。

③单击"开始"选项卡|"字体"组|"拼音指南"按钮，弹出如图3-6所示"拼音指南"对话框，在此可设定拼音的"对齐方式"、"偏移量"、"字体"、"字号"等内容，拖动对话框右上部的滚动条能够在预览区域浏览选定文本加拼音后的效果，单击"确定"按钮，汉语拼音就会自动标记在选定的文本上。

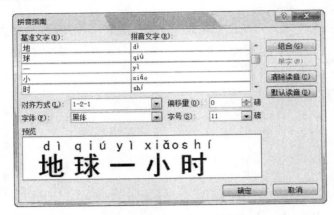

图 3-6 "拼音指南"对话框

（2）选定文档除首段外的其余段落，单击"开始"选项卡|"字体"组|"字体"|拉列表框，选择"楷体"；单击"字号"下拉列表框，选择"小四"。

（3）选定文档第 4 段中的文字"每年 3 月最后一个星期六 20:30-21:30"，在"开始"选项卡上单击"字体"对话框启动器，打开"字体"对话框，然后单击"字体"选项卡，在"字形"列表框中选择"加粗 倾斜"；在"下划线线型"下拉列表框中选择"双下划线线型"；在"下划线颜色"下拉列表框中选择"红色"。

 提示

在 Microsoft Office 2010 中，有几个程序包含实时预览功能，利用此功能，可以快速查看格式选项（如字体和快速样式）的显示效果。

例如，如果正尝试在 Word 中选择一种字体，只需在字体列表中移动指针，即可在文档窗口查看到每种字体应用到任何选定文本后的效果。在完成格式和样式预览后，将指针移到所需的格式或样式上，然后通过单击加以应用。

6. 段落的格式化

（1）段落对齐。选定文档第 1 段，在"开始"选项卡|"段落"组中，如图3-7所示，单击"居中"；选定文档第 2 段，单击"文本左对齐"；选定文档最后两段，单击"文本右对齐"。

（2）段落缩进。

①选定文档第 3 段，然后按住 Ctrl 键，同时选定第 5～12 段，在"页面布局"选项卡|"段落"组中，如图 3-8 所示，单击"段落"对话框启动器，弹出"段落"对话框，选择"缩进和间距"选项卡，如图 3-9 所示，在"缩进"区域的"特殊格式"下拉列表框中，选择"首行缩进"，然后利用"磅值"的微调按钮，调整段落首行缩进"2 字符"，单击"确定"按钮关闭该对话框。

②选定文档第 4 段，在"页面布局"选项卡|"段落"组中（图 3-8），在"缩进"区域利用"左"和"右"数值框的微调按钮，调整段落左右缩进均为"2 字符"，观察文档中的段落布局变化。

图 3-7　"开始"选项卡上的"段落"组

图 3-8　"页面布局"选项卡上的"段落"组

（3）行间距。按 Ctrl+A 键选定整篇文档，在"开始"选项卡|"段落"组中，单击"行距"，在弹出的下拉菜单中选择"1.5"，表示所选定的文本将采用 1.5 倍行间距。若要设置更精确的间距度量单位，可单击"行距选项"，打开如图 3-9 所示"段落"对话框，在"缩进和间距"选项卡的"行距"和"设置值"中设置即可。

（4）段间距。选定文档第 1 段和第 2 段，在"页面布局"选项卡|"段落"组中（图 3-8），在"间距"区域单击"段前"和"段后"数值框的微调按钮，或者直接输入所需的间距，段前为"0.5 行"，段后为"1 行"；同样的方法设置第 13 段段落间距为段前"1 行"。

（5）分栏。选定文档第 5 段，在"页面布局"选项卡|"页面设置"组中，单击"分栏"按钮下拉列表中"更多分栏"选项，弹出"分栏"对话框，在"预设"区域选择"两栏"，选中"分割线"和"栏宽相等"复选框，设置参数参如图 3-10 所示，单击"确定"按钮关闭对话框，完成分栏设置。

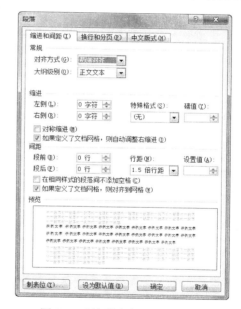

图 3-9　"缩进和间距"选项卡

（6）首字下沉。将插入点定位到文档第 6 段任意位置，在"插入"选项卡|"文本"组中，单击"首字下沉"按钮下拉列表中"首字下沉"选项，打开"首字下沉"对话框，在"位置"区域选择"下沉"，还可设置首字字体、下沉行数及距正文的距离等项目，设置参数参如图 3-11 所示。

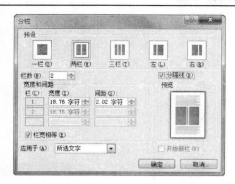

图 3-10 "分栏"对话框　　　　　　图 3-11 "首字下沉"对话框

（7）项目符号或编号。选定文档的第 7～11 段，依次做如下操作。

①单击"开始"选项卡|"段落"组|"项目符号"按钮可快速为文本行添加项目符号，如果默认项目符号不是需要的符号时，可以选择"项目符号"按钮旁边的箭头，弹出如图 3-12 所示下拉菜单。

②在该菜单的"项目符号库"中包含多种符号和图片项目符号样式，如果在其中找到所需的符号样式，直接单击即可完成设置，若在库中未找到，则在该菜单中单击"定义新项目符号"。

③在弹出的"定义新项目符号"对话框上单击"符号"按钮，打开"符号"对话框，找到"☺"符号，如图 3-13 所示，单击两次"确定"按钮返回文档窗口，即完成项目符号的设置。

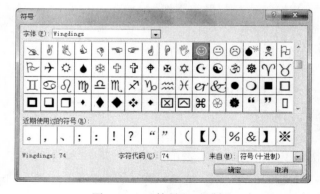

图 3-12 "项目符号"下拉菜单　　　　　图 3-13 "符号"对话框

 提示

设置项目符号或编号后，按 Enter 键输入后续段落内容时，Word 自动添加项目符号或编号列表，再按一次 Enter 键可取消显示。

（8）边框和底纹。

①选定文档第 4 段，单击"开始"选项卡|"段落"组|"下框线"按钮 旁边的箭头，在弹出的下拉菜单中选择"边框和底纹"命令，打开"边框和底纹"对话框，在"边框"选

项卡的"设置"区域中选择边框式样"方框",再从"样式"列表框中挑选双线边框▬▬▬▬,在"宽度"下拉列表中设置边框线粗细为"3.0 磅",在"预览"区域中,单击左边框线▣和右边框线▣,取消段落左右边框线,设置参数如图 3-14 所示;选择"底纹"选项卡,在"填充"下拉列表中选择"黄色",再从"样式"列表框中选择"5%",如图 3-15 所示,单击"确定"按钮,完成对第 4 段边框和底纹的设置,效果参见图 3-1 所示的样文。

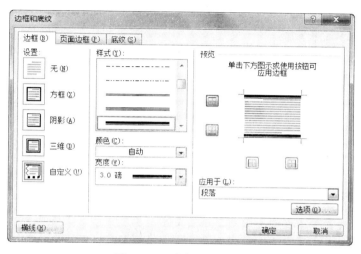

图 3-14　"边框"选项卡

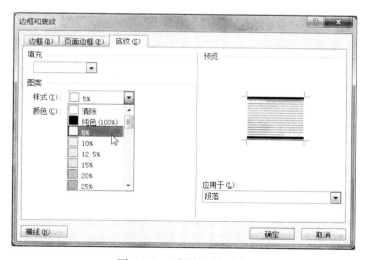

图 3-15　"底纹"选项卡

②单击"页面布局"选项卡|"页面背景"组|"页面边框"按钮,将直接打开"边框和底纹"对话框的"页面边框"选项卡,从"艺术型"列表框中选择图案🌲🌲🌲🌲🌲,观察预览区域效果,并注意到对话框右下角"应用于"的范围为"整篇文档",单击"确定"按钮完成页面边框的设置。

3.2　表　格　操　作

3.2.1　实验目的

(1) 掌握表格的创建方法;

(2) 掌握表格的编辑操作;

(3) 掌握文本与表格的相互转换;

(4) 掌握表格的格式化方法;

(5) 掌握简单表格中的数据处理技术。

3.2.2　实验说明

任务一: 制作个人简历

使用 Word 制作如图 3-16 所示的个人简历表, 具体要求如下。

(1) 创建表格。在文档中插入一个 7 列 10 行表格。

(2) 输入表格内容。如图 3-16 所示, 按照对应位置, 输入表格内容, 并设置"个人简历"字体为"华文新魏", 字号为"一号", "加粗"并"居中显示", 表格中的文字字体为"楷体", 字号为"小四"并"加粗"。

(3) 单元格的合并和拆分。对表格进行单元格的合并和拆分操作, 结构如图 3-16 所示。

(4) 设置表格及表格中文本的对齐方式。设置整个表格在文档窗口居中; 设置表格中文本的对齐方式为"水平居中"。

(5) 设置单元格文字方向。将第 1 列第 6～10 行单元格的文字设为纵向。

(6) 调整行高与列宽。按照以下要求调整表格的行高与列宽。

①利用"表格属性"命令, 将表格第 1～5 行的行高设置为 0.8 厘米, 第 6～10 行的行高设置为 3.5 厘米。

②利用鼠标拖动表格线, 如图 3-16 所示, 调整表格第 1～3 行的各列列宽。

(7) 设置表格边框。将表格的外框线设置为 1.5 磅双实线, 内框线为 0.75 磅虚线。

(8) 设置表格底纹。如图 3-16 所示, 对部分单元格填充"白色, 背景 1, 深色 15%"的底纹。

任务二: 学生成绩表数据处理

在文档中输入如图 3-17 所示的内容, 其中每一项都以制表符分隔。

(1) 文本与表格的相互转换: 将输入的内容转换为表格。

(2) 删除行或列: 删除表格的最后一行。

(3) 插入行或列: 在"计算机"的右侧插入一列, 列标题为"平均分"。

(4) 表格样式应用: 使用"表格样式"设置整个表格的格式为"浅色底纹"。

个人简历

姓名		性别		出生年月		
民族		籍贯		政治面貌		照片
学历		专业		外语水平		
联系电话			E-mail			
邮政编码					通信地址		
教育经历	
技能专长	
获奖情况	
任职及社会活动	
求职意向	

图 3-16　个人简历表

姓名	语文	数学	英语	计算机
刘楚楚	80	98	90	92
王燕	92	99	90	82
李振成	82	80	91	99
张明	缺考	缺考	90	缺考

图 3-17　输入内容

（5）表格中的数据计算：计算出每位同学平均分，并保留两位小数。

（6）表格中的数据排序：将三位同学按照平均分由高到低排序。

3.2.3　实验内容

任务一：制作个人简历

1. 创建表格

（1）新建 Word 空白文档，保存文件名为"个人简历.docx"。

图 3-18　"插入表格"对话框

（2）将光标定位到插入表格的地方，然后单击"插入"选项卡|"表格"组|"表格"按钮，打开"插入表格"列表。

（3）选择"插入表格"列表中的"插入表格"命令，打开如图 3-18 所示的"插入表格"对话框。

（4）在"表格尺寸"选项组下，输入列数为 7，行数为 10。

（5）单击"确定"按钮，此时在插入光标位置处创建了一个 7 列×10 行的表格。

2. 输入表格内容

（1）若表格在文档的上方没有空行输入标题，可以将插入点定位在表格第 1 行的第 1 个单元格内，按下 Enter 键，即可在表格的上方留出一个空行。注意，如果该单元格内包含文本，请将插入点置于文本前。

（2）在空行中输入"个人简历"4 个字，并设置为"华文新魏"、"一号"、"加粗"并"居中显示"。

（3）按照图 3-19 所示，完成表格内容的输入操作。在表格中输入文字与在 Word 文档中输入文字是相似的，前提是把光标插入点放在要输入文字的单元格内。

姓名		性别		出生年月		照片
民族		籍贯		政治面貌		
学历		专业		外语水平		
联系电话			E-mail			
邮政编码			通信地址			
教育经历						
技能专长						
获奖情况						
任职及社会活动						
求职意向						

图 3-19　输入表格的内容

（4）将鼠标指针移动到表格范围内时，在表格的左上角会出现一个移动控制点⊞，单击该控制点选定整个表格，然后利用"开始"选项卡|"字体"组，设置表格中的字体为"楷体"，字号为"小四"并"加粗"。

　提示

移动控制点：将鼠标指针移动到表格范围内时，在表格的左上角会出现一个移动控制点，此控制点有两个作用：一是用鼠标拖动此移动控制点，即可随意拖动表格；二是单击该控制点可选定整个表格。

调整控制点：将鼠标指针移动到表格范围内时，在表格的右下角会出现一个调整控制点，用鼠标拖动此调整控制点，即可调整表格大小。

3. 单元格的合并与拆分

（1）结合图 3-16 所示表格，需将表格第 4 行的第 2～3 列、第 5～6 列，第 5 行的第 2～3 列、第 5～7 列，第 7 列的第 1～4 行，第 6 行的第 2～7 列，第 7 行的第 2～7 列，第 8 行的第 2～7 列，第 9 行的第 2～7 列，第 10 行的第 2～7 列，分别合并成一个单元格，具体合并方法如下：

①拖曳鼠标选定要合并的单元格；

②右击鼠标，从弹出的快捷菜单中选择"合并单元格"命令；

③依次将需要合并的单元格进行合并，合并后的表格结构如图 3-20 所示。

姓名		性别		出生年月		照片
民族		籍贯		政治面貌		
学历		专业		外语水平		
联系电话			E-mail			
邮政编码			通信地址			
教育经历						
技能专长						
获奖情况						
任职及社会活动						
求职意向						

图 3-20　合并单元格后的表格

（2）将"邮政编码"右侧的单元格拆分为 1 行 6 列，具体拆分方法如下：

①选定要拆分的单元格；

②右击鼠标，从弹出的快捷菜单中选择"拆分单元格"命令；

③在打开的如图 3-21 所示的"拆分单元格"对话框，输入列数 6，输入行数 1；

④单击"确定"按钮，即完成单元格的拆分。

4. 设置表格及表格中文本的对齐方式

（1）单击表格的"移动控制点"，选定整个表格。

（2）单击"开始"选项卡|"段落"组|"居中"按钮，整个表格即在文档窗口居中显示。

（3）右击鼠标，如图 3-22 所示，在弹出的快捷菜单中选择"单元格对齐方式"级联菜单下的"水平居中"，此时表格中的文本在单元格内水平和垂直都居中。

图 3-21　"拆分单元格"对话框

图 3-22　单元格对齐方式

5．设置单元格文字方向

（1）选定第 1 列第 6～10 行单元格。

（2）右击鼠标，从弹出的快捷菜单中选择"文字方向"命令。

（3）在打开的"文字方向-表格单元格"对话框中，如图 3-23 所示，选择纵向文字方向。

（4）单击"确定"按钮，此时观察文档窗口选定单元格的文字方向发生了改变。

6．调整行高与列宽

（1）利用"表格属性"命令调整表格的行高，具体方法如下：

①选定表格的第 1～5 行；

②右击鼠标，从弹出的快捷菜单中选择"表格属性"命令；

③如图 3-24 所示，在打开的"表格属性"对话框中，选择"行"选项卡，选中"指定高度"复选框，并将行高设置为"0.8 厘米"。

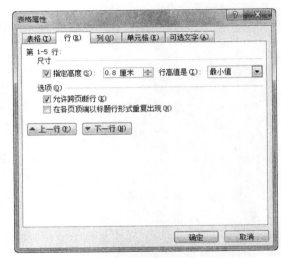

图 3-23　"文字方向-表格单元格"对话框　　　　　图 3-24　"表格属性"对话框

④单击"确定"按钮，即精确完成表格行高的设置。同样的方法可将第 6～10 行的行高设置为"3.5 厘米"。

（2）利用鼠标拖动表格线调整表格的列宽，具体方法如下：

①选定表格的第 1 列的第 1～3 行；

②将鼠标指针放到在选定单元格右边框线上，直到鼠标指针变成夹子形状，按下鼠标左键，并左、右拖动鼠标，可调整列宽，若拖动时按下 Alt 键，将显示列宽的数值；

③参见图 3-16，因要缩小列宽，故向左拖动鼠标，如图 3-25 所示，拖到单元格刚好容纳下两个字符时，释放鼠标即可，调整后效果如图 3-26 所示；

④利用同样的方法调整第 1～3 行其余各列的宽度。

7．设置表格边框

（1）单击表格的"移动控制点"，选定整个表格。

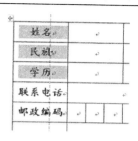

图 3-25　正在调整列宽　　　　　图 3-26　调整列宽后

（2）单击"表格工具"|"设计"选项卡|"表样式"组|"边框"按钮旁边的箭头，在弹出的下拉菜单中选择"边框和底纹"命令，打开"边框和底纹"对话框。

（3）在"边框"选项卡的"设置"区域中选择边框式样"自定义"。

（4）从"样式"列表框中挑选虚线---------，在"宽度"下拉列表中设置边框线粗细为"0.75磅"，在"预览"区域中，分别单击下方图示的水平和垂直内框线。

（5）从"样式"列表框中挑选双实线══，在"宽度"下拉列表中设置边框线粗细为"1.5磅"，在"预览"区域中，分别单击图示的上、下、左、右外框线，设置参数如图 3-27 所示。

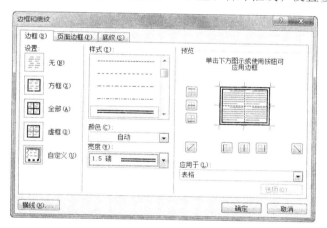

图 3-27　设置表格边框

（6）单击"确定"按钮，完成对表格边框的设置，效果如图 3-16 所示。

8. 设置表格底纹

（1）如图 3-16 所示，利用 Ctrl 键选定需要加底纹的多个单元格。

（2）单击"表格工具"|"设计"选项卡|"表样式"组|"底纹"按钮旁边的箭头，如图 3-28 所示，在弹出的下拉菜单中选择"白色，背景 1，深色 15%"即可。

任务二：学生成绩表数据处理

1. 文本与表格的相互转换

（1）新建 Word 空白文档，保存文件名为"学生成绩表.docx"。

（2）在文档中输入图 3-17 所示内容，其中每一项以制表符分开。

（3）选定需要转换成表格的文本。单击"插入"选项卡|"表格"组|"表格"按钮，打开"插入表格"列表。

（4）选择"插入表格"列表中的"文本转换成表格"命令，打开如图 3-29 所示"将文字转换成表格"对话框。

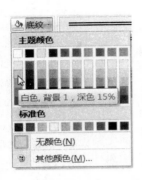

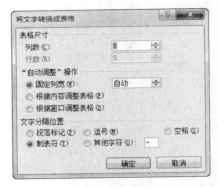

图 3-28　设置表格底纹　　　　　　图 3-29　"将文本转换成表格"对话框

（5）如果未看到预期的列数，则可能是文本中的一行或多行缺少分隔符，需要手动在"列数"框中输入"5"。

（6）在"文字分隔位置"选项区选中"制表符"单选按钮。

（7）单击"确定"按钮完成转换。

2. 删除行或列

（1）选定表格最后一行，即"张明"所在行。

（2）右击鼠标，在弹出的快捷菜单中选择"删除行"命令即可。

　提示

右键快捷菜单是上下文相关的，它根据单击鼠标时箭头所指对象和位置的不同，弹出的菜单命令不同。这里若选定的是列，右键快捷菜单里的菜单项将变为"删除列"命令；若选定的是单元格，右键快捷菜单里的菜单项将变为"删除单元格"命令。

3. 插入行或列

（1）将插入点置于表格的最后一列。

（2）单击"表格工具"|"布局"选项卡|"行和列"组|"在右侧插入"按钮，将直接在"计算机"列右侧添加新列。

（3）在新插入列的第一行中输入列标题"平均分"。

4. 表格样式应用

（1）将插入点置于表格内。在"表格工具"中，单击"设计"选项卡。

（2）在"表格样式"组中，将指针停留在每个表格样式上，直到找到要使用的样式"浅色底纹"为止。要查看更多的样式，可单击"其他"箭头 。

（3）单击"浅色底纹"样式将其应用到表格。

（4）在"表格样式选项"组中，选中或清除每个表格元素旁边的复选框，以应用或删除选中的样式，设置参数如图 3-30 所示。

5．表格中的数据计算

（1）选择需要在其中放置结果的单元格，如果该单元格不为空，请删除其内容。在此，把插入点定位于第二行最后一列单元格中，准备计算"刘楚楚"的平均分。

（2）单击"表格工具"|"布局"选项卡|"数据"组|"公式"按钮，弹出如图 3-31 所示"公式"对话框。

图 3-30　表格样式选项　　　　　图 3-31　"公式"对话框

（3）"公式"文本框中默认内容是"=SUM(LEFT)"，可打开"粘贴函数"下拉列表，选择"AVERAGE"，设置"公式"文本框中的内容为"=AVERAGE(LEFT)"，选择"编号格式"为"0.00"。

（4）单击"确定"按钮。

（5）同样的方法计算"王燕"，"李振成"的平均分。

 提示

在"公式"文本框中等号(=)不能省略。

在函数中出现的位置参数(LEFT、RIGHT、ABOVE、BELOW)，可使用区域(与 Excel 区域概念类似)来代替。我们把表格中的每一列的列号依次用字母 A、B、C、…表示，行号依次用数字 1、2、3、…表示。用列、行坐标表示单元格的位置，如"姓名"单元格地址是 A1，"平均分"单元格地址是 F1。用"左上角单元格地址：右下角单元格地址"来表示若干个相邻单元所组成的区域，如"A2:E4"表示由 A1、E4 为对角顶点的矩形区域。如：计算"刘楚楚"的平均分时，在"公式"文本框中键入的内容可以是"=AVERAGE(B2:E2)"。

在 Word 表格中，公式被以域的形式保存，而 Word 并不会自动更新域，因此 Word 没有自动重算公式的功能。那么，当单元格中的数据被更改后，如何改变公式结果呢？这就需要用到 Word 的更新域功能。选定需要更新域的表格或部分单元格，按快捷键 F9 即可。

6．表格中的数据排序

（1）将插入点置于表格内，单击"表格工具"|"布局"选项卡|"数据"组|"排序"按钮，弹出"排序"对话框。

（2）在"主要关键字"下拉列表中选择"平均分"，选中"降序"单选按钮。

（3）单击"确定"按钮，效果如图 3-32 所示。

姓名	语文	数学	英语	计算机	平均分
王燕	92	99	90	82	90.75
刘楚楚	80	98	90	92	90.00
李振成	82	80	91	99	88.00

图 3-32　学生成绩表最终效果

3.3　图文混排和页面设置

3.3.1　实验目的

（1）掌握图片的插入与编辑操作；

（2）掌握图形的绘制与编辑操作；

（3）掌握艺术字的插入与设置方法；

（4）掌握文本框的使用方法；

（5）掌握公式的插入与编辑操作；

（6）掌握如何处理 Word 文档中各种对象与文字的相互位置关系；

（7）掌握页面布局、纸张设置、页边距设置的方法与技术。

3.3.2　实验说明

任务一：制作电子贺卡

使用 Word 制作如图 3-33 所示的电子贺卡，基本要求如下。

图 3-33　电子贺卡

（1）设置电子贺卡的纸张大小为宽 18 厘米，高 25 厘米，上、下、左、右边距各为 0.5 厘米，纸张方向为横向。

（2）参见图 3-33，使用图片、图形、艺术字、文本框等设计电子贺卡。

任务二：制作数学试卷

利用计算机制作考试试卷，可以有效地节约制版时间、降低成本。其中数学试卷由于符号多、公式多、几何图形多，它的编辑要远比其他试卷繁琐。Word 2010 提供了强大的绘图功能、公式工具以及丰富的数学符号，使数学试卷的制作变得方便快捷。利用 Word 2010 制作一份如图 3-34 所示的数学试卷。

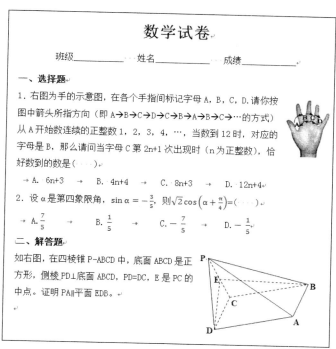

图 3-34　数学试卷

3.3.3　实验内容

任务一：制作电子贺卡

1. 设置纸张大小、页边距和纸张方向

（1）新建 Word 空白文档，保存文件名为"电子贺卡.docx"。

（2）单击"页面布局"选项卡|"页面设置"组|"纸张大小"按钮，在弹出的下拉菜单中选择"其他页面大小"命令，弹出"页面设置"对话框。

（3）在"纸张"选项卡上的"纸张大小"下拉列表框中选择"自定义大小"，设置宽度为"18 厘米"，高度为"25 厘米"，如图 3-35 所示。

（4）选择"页边距"选项卡，在"页边距"选区中设置页边距"上"、"下"、"左"和"右"均为"0.5 厘米"；在"方向"选区中设置页面方向为"横向"。

（5）设置完成后，单击"确定"按钮。

2．图片的插入与编辑

（1）插入剪贴画。

①将光标定位在文档开始处；

②单击"插入"选项卡|"插图"组|"剪贴画"按钮，打开"剪贴画"任务窗格；

③在"搜索文字"文本输入框中输入需要搜索的图片内容，在此输入"新年"，选择结果类型为"剪贴画"；

④单击"搜索"按钮，即可在"剪贴画"任务窗格中显示查找到的与"新年"有关的剪贴画，如图 3-36 所示；

⑤单击需要的剪贴画，选中对象即被添加到文档中，同时 Word 自动显示"图片工具"的"格式"选项卡；

⑥单击该选项卡上的"排列"组|"自动换行"按钮，在弹出的下拉列表中选择"浮于文字上方"命令，如图 3-37 所示；

⑦参见图 3-33，调整剪贴画的位置。

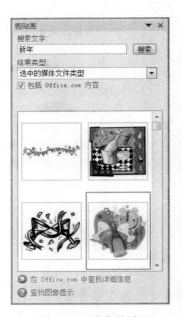

图 3-35 "页面设置"对话框的"纸张"选项卡   图 3-36 搜索剪贴画

（2）插入图片文件。

①将光标定位在文档开始处；

②单击"插入"选项卡|"插图"组|"图片"按钮，打开"插入图片"对话框；

③在"查找范围"下拉列表框中选择要插入的素材图片"祥云.jpg"所在的目录并选择该文件；

④单击"插入"按钮，选中的图片就被插入到当前文档中；

⑤参见（1）中步骤①，设置"祥云"图片的环绕方式也为"浮于文字上方"，并调整其位置(注意此处插入的图片显示效果略小于图 3-33 中的"祥云"效果)；

⑥同样的方法将素材图片"福.gif"插入到文档中，系统默认插入图片的环绕方式为"嵌入型"，此处不再另外设置。

（3）调整图片大小。调整图片大小的方法主要有快速调整和精确调整两种。

①快速调整：选定需要调整大小的图片，如图 3-38 所示，此时图片周围出现 8 个控制点；将鼠标指针移至图片四周圆形控制点上，鼠标指针会变为↖或↗形状，按住鼠标左键并拖动，如图 3-39 所示，鼠标指针会变成十形状，当达到合适大小时释放鼠标(图 3-33)，即可调整图片大小。

 提示

按住 Ctrl 键并拖动图片控制点时，将从图片的中心向外(内)垂直、水平或沿对角线缩放图片，如图 3-40 所示。注意观察图 3-39 与图 3-40 的不同之处。

图 3-37　文字环绕方式

图 3-38　选中图片

图 3-39　调整图片大小

图 3-40　按住 Ctrl 键缩放图片

②精确调整：右击需要调整大小的图片"祥云"，从弹出的快捷菜单中选择"大小和位置"命令，弹出"布局"对话框；在"大小"选项卡上，取消"锁定纵横比"复选框，设置图片宽度为"24 厘米"，如图 3-41 所示；单击"关闭"按钮即可完成设置；参见图 3-33 再次调整"祥云"的位置。

（4）旋转图片。右击图片"福"，从弹出的快捷菜单中选择"大小和位置"命令，弹出"布局"对话框；在"大小"选项卡上的"旋转"微调框中输入旋转的角度"180°"，单击"关闭"按钮即可得到一个倒"福"字。

（5）更改图片的亮度、对比度和颜色。选定图片"福"，打开"图片工具"下的"格式"选项卡，在该选项卡的"调整"组中，依次进行如下操作：

①单击"更正"按钮，在弹出的下拉列表中的"亮度和对比度"区选择"亮度：+20%对比度：+20%"。

②单击"颜色"按钮，在弹出的下拉列表中的"重新着色"区选择"红色，强调文字颜色 2 浅色"。

（6）添加或更改图片效果。选定图片"福"，打开"图片工具"|"格式"选项卡，在该选项卡的"图片样式"组中单击"图片效果"，弹出其下拉菜单；选择"映像"，然后单击所需的映像变体"全映像，8pt 偏移量"，如图 3-42 所示；再次单击"图片效果"，在弹出的下拉菜单中选择"柔化边缘"|"10 磅"命令。

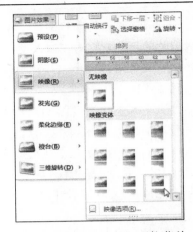

图 3-41　"布局"对话框的"大小"选项卡　　　　图 3-42　"图片效果"下拉菜单

3. 艺术字、图形的插入与设置

（1）艺术字的插入与设置。

①单击"插入"选项卡|"文本"组|"艺术字"按钮，在弹出的下拉列表中选择"填充-白色，轮廓-强调文字颜色 1"（图 3-43），此时 Word 自动显示"绘图工具"下的"格式"选项卡（图 3-44）；

图 3-43　艺术字库　　　　　　　　图 3-44　"绘图工具"下的"格式"选项卡

②在"请在此放置您的文字"文本框中输入"恭"字，字体设为"华文行楷"，字号设为"48"；

③单击"绘图工具"的"格式"选项卡|"艺术字样式"组|"文本轮廓"按钮，在弹出的下拉列表中选择标准色"深红"。

（2）图形的插入与设置。

①选择"插入"选项卡|"插图"组|"形状"按钮，在弹出的下拉列表中选择"菱形"；

②如图 3-45 所示，在"恭"字上面拖曳鼠标绘制一个能覆盖"恭"字大小的菱形；

③分别单击"绘图工具"|"格式"选项卡|"形状样式"组|"形状填充"按钮和"形状轮廓"按钮，在弹出的下拉列表中均选择标准色"深红"；

④右击鼠标，在弹出的菜单中选择"置于底层"|"置于底层"命令，可将被覆盖的"恭"字显示出来，再适当调整"恭"字位置，使其居于菱形正中央；

⑤为了便于图形的整体操作，可将"恭"字和菱形组合成一个图形，具体方法如下：按下 Shift 键，依次单击"恭"字和菱形，在它们上面右击鼠标，在弹出的菜单中选择"组合"|"组合"命令即可；

⑥参见图 3-33，调整组合后的图形到合适位置。

（3）插入"贺"、"新"、"禧"与菱形的组合。

①按下 Ctrl 键，单击鼠标并拖动"恭"字和菱形的组合图形到适当位置，释放鼠标即可产生一个图形副本；

②单击副本中的菱形，修改其"形状填充"为"无填充颜色"；

③单击副本中的"恭"字，出现文本插入光标，按 Delete 键，删掉"恭"字，如图 3-46 所示，输入"贺"字；

图 3-45　插入菱形

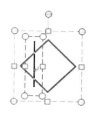

图 3-46　删除"恭"字

④选定该艺术字，分别单击"绘图工具"的"格式"选项卡|"艺术字样式"组|"文本填充"按钮和"文本轮廓"按钮，在下拉列表中均选择标准色"深红"；

⑤插入"新"、"禧"与菱形的组合时只需复制"贺"字和菱形的组合图形到适当位置，并修改其中的艺术字为"新"或"禧"即可。

4．文本框的插入与编辑

（1）单击"插入"选项卡|"文本"组|"文本框"按钮，在弹出的下拉列表中选择"绘制文本框"选项，此时光标变为十形状。

（2）参见图 3-33，将鼠标指针移至需要插入文本框的位置，单击并拖动至合适大小，释放鼠标，即可在文档中插入文本框，此时 Word 自动显示"绘图工具"的"格式"选项卡。

（3）分别单击该选项卡上"形状样式"组中的"形状填充"按钮和"形状轮廓"按钮，在弹出的下拉列表中选择主题颜色"橙色，强调文字颜色 6，淡色 80%"和"橙色，强调文字颜色 6，深色 25%"。

（4）将光标定位在文本框内，设置字体格式为楷体、二号、黑色、加粗，参见图 3-33，在文本框中输入文字"某某　先生/女士……"，输入完毕后调整文本框的大小和位置。

任务二：制作数学试卷

1．插入特殊符号和制表位

（1）新建 Word 空白文档，保存文件名为"数学试卷.docx"。

（2）依次输入"数学试卷　　班级_____　姓名_____　成绩_____"，并参见图3-34设置字体和段落格式。其中"_____"的输入可以用空格加下划线格式方式，或者在英文输入状态下按键盘上的 Shift+ –键。

（3）参照图 3-34，输入文字"一、选择题　　1. 右图为手的示意图，……恰好数到的数是（　　）"，并设置其格式。其中符号"➜"的输入可按照以下步骤：

①单击"插入"选项卡｜"符号"组｜"符号"按钮｜"其他符号"，打开"符号"对话框；

②在"符号"选项卡，选中符号"➜"，如图 3-47 所示；

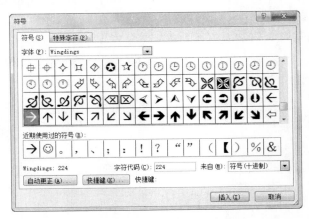

图 3-47　"插入特殊符号"对话框

③单击"确定"按钮，即可完成特殊符号的插入。

（4）插入图片文件"手.jpg"，并单击"绘图工具"｜"格式"选项卡｜"排列"组｜"自动换行"按钮，设置其文字环绕方式为"四周型环绕"，参见图 3-34，调整其位置。

（5）输入题目选项"A.6n+3　B.4n+4　C.8n+3　D.12n+4"。编辑试卷时，要把各道选择题的四个选择项对齐。若使用空格键调整选项的位置太麻烦，还不容易对齐，在此可利用制表位，具体操作如下：

①将光标移到要输入题目选项那一行的左端，单击水平标尺最左端的制表位选择器，直到出现所需的"左对齐式制表符"；

②直接在水平标尺上单击，就可以在相应位置插入制表位，在此需插入 4 个制表位，分别对应 ABCD 四项的开始位置（图 3-48）；

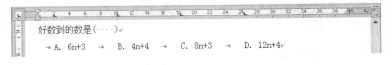

图 3-48　插入制表位

③按 Tab 键跳到第一个制表位处，输入选项 A，再按 Tab 键，再输入选项 B，然后是选项 C、D，完成后按 Enter 键进入下一题（图 3-47 中的横向灰色键头是表示按过一次 Tab 键，在输入各个选项前都按一下 Tab 键，其作用是执行制表位的设置）。

2．插入公式

（1）输入第 2 小题中的文字"设 α 是第四象限角"，符号"α"可利用中文输入法提供的希腊字母软键盘输入。

（2）单击"插入"选项卡|"符号"组|"公式"按钮，打开"公式工具"下的"设计"选项卡，如图 3-49 所示。

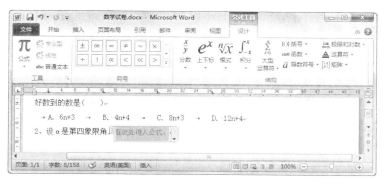

图 3-49　插入公式

（3）单击"设计"选项卡|"结构"组|"函数"按钮，打开"函数"下拉列表（图 3-50）。

（4）单击正弦三角函数结构，在文档中插入正弦三角函数。

（5）单击三角函数的占位符，然后在"设计"选项卡"符号"组中单击"其他"按钮▽打开"符号"面板，再单击顶部的下拉三角按钮，在打开的下拉菜单中选择"希腊字母"选项，并在打开的希腊字母符号面板中单击"α"符号即可（基础数学符号面板中也有该符号），如图 3-51 所示。

图 3-50　函数下拉列表

图 3-51　"希腊字母"面板

图 3-52　分数下拉列表

（6）输入"=−"，然后单击"设计"选项卡|"结构"组|"分数"按钮，打开"分数"列表，选择分数形式，在公式中添加分数，如图 3-52 所示。

（7）单击占位符，分别输入分子"3"和分母"5"，使用类似方法输入"$\sqrt{2}\cos\left(\alpha+\dfrac{\pi}{4}\right)$"和答案选项中的各分数。

（8）输入第 2 大题的文字，符号"⊥、∥"的输入类似步骤(5)，可利用"设计"选项卡|"符号"组|"几何学"选项输入。

3. 绘制几何图形

（1）单击"插入"选项卡|"插图"任务|"形状"按钮，打开"形状"下拉列表。

（2）选择"新建绘图画布"命令，则在文档中新建一个绘图画布，此时 Word 自动显示"绘图工具"的"格式"选项卡。

（3）在该选项卡的"插入形状"组中单击"直线"按钮，鼠标指针变成"十"字形，在绘图画布上拖动鼠标绘制斜向直线。

（4）如果绘制的直线颜色不是黑色，可选定该直线，单击"绘图工具"|"格式"选项卡|"形状样式"组|"形状轮廓"按钮，在弹出的下拉列表中选择"黑色"，然后右击该直线，在弹出的快捷菜单中选择"设置为默认线条"命令，这样以后绘制的直线均为黑色。

（5）单击"直线"按钮，拖动鼠标在绘图画布上绘制第 2 条直线，如此反复绘制图形中包含的所有线段，结果如图 3-53 所示。

（6）利用 Ctrl 键选中所有需设置成虚线的线段，右击所选内容，在弹出的快捷菜单中选择"设置对象格式"命令，打开"设置形状格式"对话框。

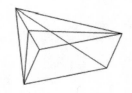

图 3-53　绘制几何图形 1

（7）在"线型"选项的"线端类型"下拉列表框中选中"短划线"（图 3-54），将选中线段设置成虚线，效果如图 3-55 所示。

（8）单击"绘图工具"的"格式"选项卡|"插入形状"组|"文本框"按钮，在画布上绘制一个文本框，设置该文本框的"形状轮廓"为"无轮廓"。

（9）在文本框中输入图形的字母标识，并拖至适当的位置。

（10）参照图 3-34，重复步骤(8)和(9)输完所有的字母。

（11）右击绘图画布边框，并在打开的快捷菜单中选择"调整"命令，则绘图画布会根据刚刚在其上绘制的图形自动调整尺寸大小。还可以利用鼠标拖动绘图画布边框的控制柄来调整画布大小。

（12）单击"绘图工具"|"格式"选项卡|"排列"组|"自动换行"按钮，设置绘图画布的文字环绕方式为"四周型环绕"，参见图 3-34，调整其位置。

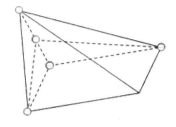

图 3-54　"设置形状格式"对话框　　　　图 3-55　绘制几何图形 2

3.4　长文档的制作

3.4.1　实验目的

（1）了解 Word 2010 的各种视图的作用；

（2）掌握样式的应用和生成目录的方法；

（3）能够熟练地在文档中插入题注和交叉引用；

（4）理解 Word 中的节格式这一概念，同时能在文档中熟练使用分节符；

（5）掌握页眉页脚设置方法。

3.4.2　实验说明

在日常使用 Word 办公的过程中，长文档的制作是我们常常需要面临的任务，如毕业论文、图书、宣传手册、活动计划等。由于长文档的纲目结构通常比较复杂，文字量比较大，内容种类也较多，如果不充分发挥 Word 自动功能，那么整个工作过程可能是费时费力，而且质量还不能让人满意。利用 Word 长文档编辑的相关技巧制作一篇论文，基本要求如下。

（1）纸张大小为 A4，每行字符数为 40，每页行数为 46，设置页眉距边界为 2 厘米。

（2）论文中的图表编号要求使用"题注"功能来完成，并按在章节中出现的顺序分章编号，如"图 1-1"，"表 2-1"。正文文字中的引用如"如图 X 所示"要求通过使用"交叉引用"功能来实现。

（3）设置不同的页眉页脚：设置论文封面无页眉页脚；目录、摘要页脚居中显示页码（用罗马数字编码）；正文奇数页页眉显示论文题目，偶数页页眉显示大学名称，正文页脚显示页码（从 1 开始）。

(4) 创建论文目录。

3.4.3　实验内容

1. 页面设置

(1) 新建 Word 空白文档，然后在"页面布局"选项卡上单击"页面设置"对话框启动器，弹出"页面设置"对话框。

(2) 选择"纸张"选项卡，在"纸张大小"下拉列表框中选择"A4"。

(3) 选择"版式"选项卡，在"页眉页脚"选项区中设置页眉距边界的距离为 2 厘米，如图 3-56 所示。

(4) 选择"文档网格"选项卡，选中"指定行和字符网格"单选按钮，设置每行字符数为 40，每页行数为 46，如图 3-57 所示。

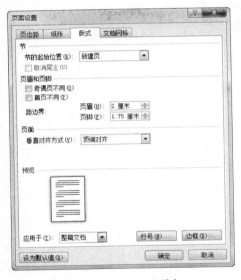
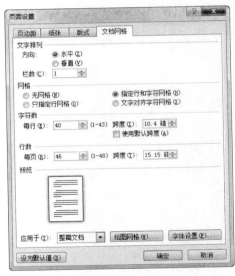

图 3-56　"版式"选项卡　　　　　　　图 3-57　"文档网络"选项卡

2. 利用"大纲视图"组织文档纲目结构

(1) 单击"视图"选项卡|"文档视图"组|"大纲视图"按钮，此时 Word 自动显示如图 3-58 所示"大纲"选项卡，该选项卡是专门为建立和调整文档纲目结构设计的。

图 3-58　"大纲"选项卡

（2）参见图 3-59 输入一级标题，输入的标题段落被 Word 自动赋予"1 级"样式。

（3）将插入光标定位在"信息技术的产生与发展"段落末尾，按 Enter 键后产生新的段落，按 Tab 键或单击"大纲"选项卡|"大纲工具"组|"降级"按钮 ➡，将该段落的标题降一级（图 3-60）。

（4）输入"信息技术的产生与发展"下属二级标题段落"信息技术的五次革命"，按 Enter 键后新生成段落继承"2 级"样式，参见图 3-61 输入其他二级标题。

| 图 3-59　输入一级标题 | 图 3-60　降级标题 | 图 3-61　输入二级标题 |

 提示

Word 内置了"标题 1"至"标题 9"九级标题样式。在大纲视图中输入的各级标题会自动套用这些内置样式，不同级别的标题会显示不同的缩进，级别越高则缩进越小，这样在纵向同级的标题之间是对齐的，所以文档的层次结构一目了然。

（5）完成二级标题输入后，可观察到凡是含有子标题的一级标题段落前面的图标由原来的减号 ➖ 变成加号 ➕。

提示

加号 ➕ 表示其后的段落是标题且包含了子标题或正文内容，减号 ➖ 表示其后的段落是标题但不包含子标题或正文，点 ● 表示其后的段落是正文文本。

单击每个标题前面的图标可以选中该标题及其包含的所有内容（包括子标题和正文）。若只选择某标题则可以像选择普通文本一样在其上拖动鼠标选择，也可以将鼠标指针移动到该标题的图标左侧，当鼠标指针外观变为向右的箭头时单击。

（6）单击二级标题"信息技术的五次革命"前面的图标，选中该标题，分别单击"大纲"选项卡|"大纲工具"组|"提升至标题 1"按钮 、"降级为正文"按钮 、"升级"按钮 、"降级"按钮 ➡，观察文档窗口的变化。

提示

对于已经存在的标题除了可以使用上述按钮改变级别外，也可以在"大纲"选项卡|"大

纲工具"组|"大纲级别"下拉列表中直接设置标题的级别。还可以使用鼠标横向拖动标题前的图标改变标题的级别,将鼠标指针置于要改变级别的标题前的图标上,当鼠标指针外观变为"十"字形时,按住左键横向拖动到所需的标题级别的缩进位置即可。

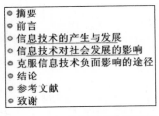

图 3-62　整个文档的一级标题纲要

(7) 单击"大纲"选项卡|"大纲工具"组|"显示级别"下拉列表框,选择"1 级"命令,查看整个文档的一级标题纲要(图 3-62)。

(8) 选定一级标题"信息技术对社会发展的影响"及其包含的所有内容,分别单击"大纲"选项卡|"大纲工具"组中|"上移"按钮▲、"下移"按钮▼、"展开"按钮✚、"折叠"按钮➖,观察文档窗口的变化。

 提示

双击加号✚,可快速展开或折叠其下属段落。

3. 利用"多级列表"自动编号标题

(1) 单击"开始"选项卡|"段落"组|"多级列表"按钮,在下拉菜单中选择"定义新的多级列表"命令,打开"定义新多级列表"对话框。

(2) 该对话框中若看不到"将级别链接到样式"下拉列表框,则单击"更多"按钮,对话框将全部展开。

(3) 选中"单击要修改的级别"列表框内的"1",然后在"将级别链接到样式"下拉列表框中选择"标题 1",再在"此级别的编号样式"下拉列表框中选择"1,2,3,…",最后在"输入编号的格式"框内,在"1"字符的前面键入字符"第",后面键入字符"章"(图 3-63),这就设置了文档中的一级标题段落按"第 X 章"格式编号。

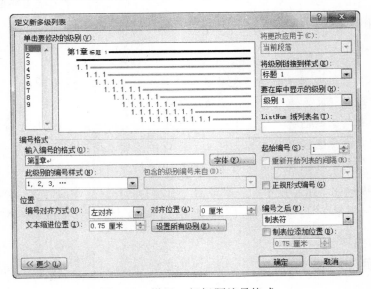

图 3-63　设置一级标题编号格式

(4) 选中“单击要修改的级别”列表框内的“2”，按图 3-64 设置文档中的二级标题段落的编号格式。

定义新多级列表
单击要修改的级别(V):
将更改应用于(C):
当前段落
将级别链接到样式(K):
标题 2
要在库中显示的级别(H):
级别 1
ListNum 域列表名(T):
编号格式
输入编号的格式(O):
1.1
字体(F)...
此级别的编号样式(N):
1, 2, 3, …
包含的级别编号来自(D):
起始编号(S): 1
重新开始列表的间隔(R):
级别 1
正规形式编号(G)
位置
编号对齐方式(U): 左对齐
对齐位置(A): 0.75 厘米
文本缩进位置(I): 1.75 厘米
设置所有级别(E)...
编号之后(W):
制表符
制表位添加位置(B):
1.75 厘米
<< 更少(L)
确定
取消

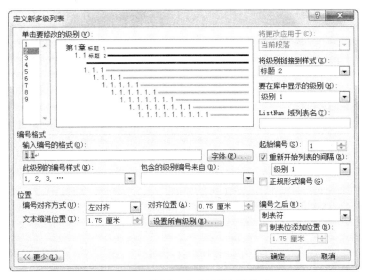

图 3-64　设置二级标题编号格式

(5) 单击“确定”按钮，返回文档编辑窗口，观察整个文档已经根据自定义格式对标题进行了编号(图 3-65)。

(6) 将光标定位于“第一章”和“摘要”之间，按键盘上的 Backspace 键删除“摘要”前的编号，此时可观察到其他章节会自动重新编号，同样的方法删除“参考文献”和“致谢”前的编号。图 3-66 所示为文档标题自动编号后的效果图。

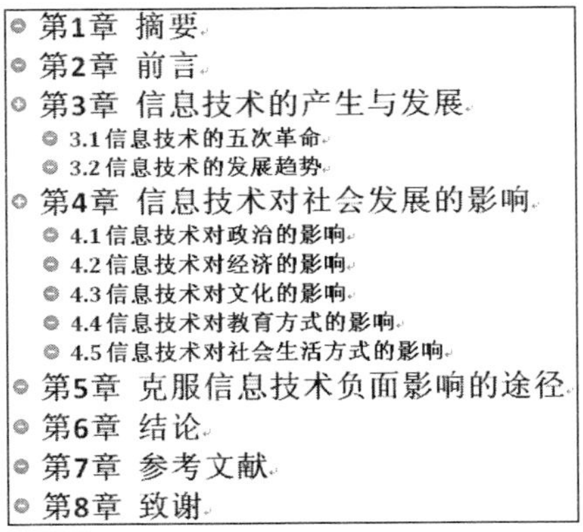

第1章 摘要
第2章 前言
第3章 信息技术的产生与发展
3.1 信息技术的五次革命
3.2 信息技术的发展趋势
第4章 信息技术对社会发展的影响
4.1 信息技术对政治的影响
4.2 信息技术对经济的影响
4.3 信息技术对文化的影响
4.4 信息技术对教育方式的影响
4.5 信息技术对社会生活方式的影响
第5章 克服信息技术负面影响的途径
第6章 结论
第7章 参考文献
第8章 致谢

图 3-65　设置多级标题编号后的效果图

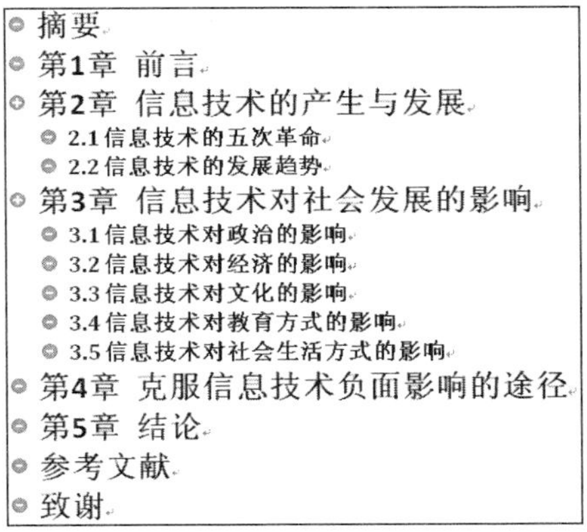

摘要
第1章 前言
第2章 信息技术的产生与发展
2.1 信息技术的五次革命
2.2 信息技术的发展趋势
第3章 信息技术对社会发展的影响
3.1 信息技术对政治的影响
3.2 信息技术对经济的影响
3.3 信息技术对文化的影响
3.4 信息技术对教育方式的影响
3.5 信息技术对社会生活方式的影响
第4章 克服信息技术负面影响的途径
第5章 结论
参考文献
致谢

图 3-66　自动重新编号后的效果图

(7) 编号完成后，就可以切换到页面视图进行文档正文内容的填充工作。另外，在输入正文前，选中整篇文档，在“开始”选项卡上单击“段落”对话框启动器，打开“段落”对话框，选择“换行和分页”选项卡，分别取消“分页”选项区的“与下段同页”和“段中不分页”复选框。

4. 利用"样式"规范文字格式

1) 修改样式

（1）在"开始"选项卡中单击"样式"对话框启动器，打开如图 3-67 所示"样式"任务窗格。

（2）在该任务窗格中单击"标题 1,章名,章名 Char,标题 1 Char Char"右侧的下拉按钮，并在弹出的菜单中选择"修改"命令，在弹出"修改样式"对话框中将其样式格式改为：黑体，小三号，如图 3-68 所示。

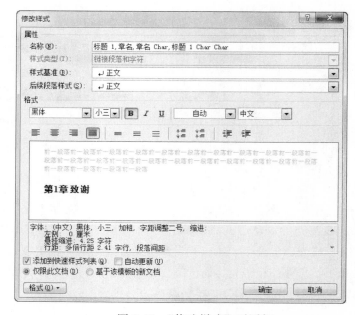

图 3-67 "样式"任务窗格　　　　　　　　图 3-68 "修改样式"对话框

（3）在该对话框中单击"格式"按钮，在下拉菜单中选择"段落"命令，在弹出的"段落"对话框中设置段前、段后间距为 0.5 行，单倍行距。

（4）单击"确定"按钮即完成了"标题 1,章名,章名 Char,标题 1 Char Char"样式的修改，此时注意观察文档窗口的变换。

（5）按照同样的方法步骤，将"标题 2,节题"的样式格式改为：黑体，四号，段前、段后间距为 0 行，1.5 倍行距。

 提示

对于 Word 的内置样式，修改时请慎重，因为可能某内置样式被修改后，所有以它做基准样式的样式都会改变。例如，修改了"正文"样式的字体后，所有基于正文的样式的字体都改变了。

2) 新建样式

（1）选定论文的一段正文文字，设置其"字体"格式为宋体，小四号，"段落"格式为首行缩进 2 字符，段前、段后间距为 0 行，1.5 倍行距。

（2）右击所选内容，在弹出的快捷菜单中选择"样式"命令，然后单击"将所选内容保存为新快速样式"，在弹出"根据格式设置创建新样式"对话框的"名称"文本框中输入"论文正文"，如图 3-69 所示。

（3）单击"确定"按钮，新创建的"论文正文"样式名称就出现在"开始"选项卡的"样式"组的快速样式库中，如图 3-70 所示。

图 3-69　新建"论文正文"样式

图 3-70　快速样式库中的"论文正文"样式

（4）选中除 1 级、2 级标题以外的正文内容，然后单击"样式"组|"论文正文"样式，让"论文正文"样式应用于所选的文字内容。

 提示

单击"样式"任务窗格底端的"新建样式"按钮 也可自定义新样式。

5. 利用"题注"和"交叉引用"配对标注图表

1）插入题注

（1）右击需要添加题注的图片，并在弹出的快捷菜单中选择"插入题注"命令。或者选中图片，单击"引用"选项卡|"题注"组|"插入题注"按钮，打开"题注"对话框。

（2）这里需要设置插图的编号格式为"图 X-X"。单击"标签"下拉列表，查看 Word 默认标签中没有所需的"图"标签。单击"新建标签"按钮，在弹出如图 3-71 所示的"新建标签"对话框中输入"图"，单击"确定"按钮返回"题注"对话框，观察此时"标签"下拉列表中增加了"图"标签。

（3）在"题注"对话框中，单击"编号"按钮，打开"题注编号"对话框，参见图 3-72 设置题注编号格式，单击"确定"按钮返回"题注"对话框，此时"题注"文本框内自动显示标签和编号，如图 3-73 所示。

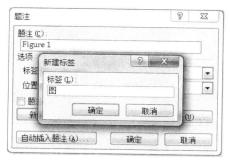

图 3-71　新建"图"标签

图 3-72　"题注编号"对话框

（4）单击"确定"按钮，返回文档窗口，就会发现所选的图片添加了一个题注。根据需要可以单击题注右边输入图片的描述文本。

（5）为该章的第 2 张图片编号就简单了，同样选中图片单击"插入题注"按钮，在"题注"对话框中默认的就是"图 2-2"，直接单击"确定"按钮即可。图 3-74 是图片插入题注后的效果图。

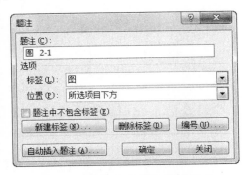

图 3-73　自定义的题注编号格式

图 3-74　插入题注效果

 提示

在 Word 中不仅可以向图片添加题注，还可以向表格、公式等对象添加题注。

单击"引用"选项卡|"题注"组|"插入表目录"按钮，可以使用这些题注创建带题注项目的目录，如图表目录或公式目录。

2）插入交叉引用

（1）将光标定位在正文文字中需要引用图表说明的位置，单击"插入"选项卡|"链接"组|"交叉引用"按钮（也可选择"引用"选项卡|"题注"组|"交叉引用"按钮），弹出"交叉引用"对话框。

（2）在"引用类型"下拉列表内选择"图"，在"引用内容"下拉列表中选择"只有标签和编号"，然后在"引用哪一个题注"列表框中选择"图 2-1"（图 3-75），单击"插入"按钮，在光标处插入引用的题注标签和编号（图 3-76）。

（3）用同样的方法为其他插图在正文中添加引用说明。

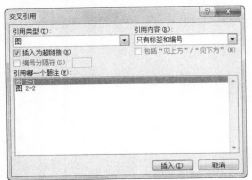

图 3-75　"交叉引用"对话框

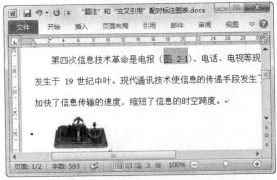

图 3-76　插入交叉引用效果

3）测试"题注"和"交叉引用"功能

（1）删除文档中间的图 2-2（电话图片），包括它的题注及引用说明，选中整篇文档，然后按下键盘上的功能键 F9，或者右击鼠标并在弹出的快捷菜单中选择"更新域"命令（图 3-77），观察文档窗口，此时 Word 自动更新整篇文档的插图题注和交叉引用的题注编号。

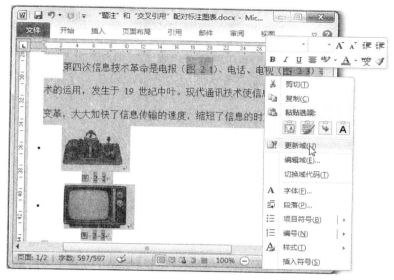

图 3-77 更新域

（2）将上步删掉的图片插回原位置，并重新为其插入题注。观察文档窗口，可看到新插入图片的题注为"图 2-2"，在其后的图片下方的题注编号自动加 1，但交叉引用的题注编号不变，可以选中整篇文档，按下 F9 键，自动更新交叉引用的题注编号。

 提示

Word 自动更新机制来源于概念"域"。域是文档中的变量，其结果会根据文档的变动或相应因素的变化而变化。在文档中插入的题注和交叉引用项其实都是以域的方式插入的，所以当增删图表或引用的内容变化时只要更新域即可改变题注或交叉引用项的内容。使用域还可以实现许多复杂的工作，如自动编制页码，按不同格式插入日期和时间，自动创建目录，实现邮件合并等。

6. 利用"节"设置不同的页眉与页脚

（1）打开文档"不同页眉页脚设置练习.docx"，将光标定位到首页（论文封面）末尾，单击"插入"选项卡|"页"组|"分页"按钮，将在首页后面插入一空白页，用于存放自动生成的论文目录。

（2）插入分节符，如图 3-78，把文档分成可以独立排版的 3 个单元，为后续对不同节分别设置页眉页脚做准备，具体操作方法如下：

①将光标定位到"目录"页行首，单击"页面布局"选项卡|"页面设置"组|"分隔符"按钮，在弹出的下拉菜单的"分节符"组|"下一页"命令，实现首页独立成一节；

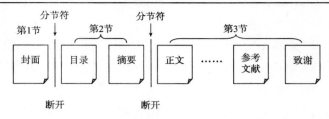

图 3-78　文档插入分节符的位置

②将光标定位到正文"第 1 章　前言"标题前，重复上述操作，插入分节符。

 提示

没有分节前，Word 自动将整篇文档视为一节，故文档中的页面设置适用于整个文档。分节后，可以根据需要分别为每节设置不同的格式。单独对当前节进行页面设置时，注意在"页面设置"对话框的"版式"选项卡中将"应用于"下拉列表设置为"本节"选项。

(3) 设置目录和摘要部分(第 2 节)的页眉和页脚。

①单击"插入"选项卡|"页眉和页脚"组|"页眉"或"页脚"按钮，在弹出的下拉菜单中选择"编辑页眉"或"编辑页脚"命令，此时 Word 自动显示"页眉和页脚工具"的"设计"选项卡。

②将光标分别定位在第二页(目录页)页眉和页脚，单击"设计"选项卡|"导航"组|"链接到前一节页眉"按钮，取消选中状态，以便断开第 2 节中的页眉和页脚与前一节中的页眉和页脚之间的连接(此时 Word 2010 将不在页眉的右下角和页脚的右上角显示"与上一节相同")。

图 3-79　"页码格式"对话框

③将光标定位在第二页(目录页)的页脚，单击"设计"选项卡|"页眉和页脚"组|"页码"按钮，在弹出的下拉菜单中选择"页面底端"|"普通数字 2"命令。

④再次单击"设计"选项卡|"页眉和页脚"组|"页码"按钮，在弹出的下拉菜单中选择"设置页码格式"命令，打开"页码格式"对话框，选中"起始页码"单选按钮，并输入"1"，从"数字格式"列表中选择罗马数字(图 3-79)，单击"确定"按钮返回页眉页脚编辑视图。

(4) 设置正文部分(第 3 节)的页眉页脚。

①单击"设计"选项卡|"导航"组|"下一节"按钮，进入到第 3 节页眉页脚编辑环境。

②选中"设计"选项卡|"选项"组|"奇偶页不同"复选框，注意观察文档窗口变化，此时第 2 节的偶数页页码将不再居中显示。

③分别取消掉第 2 节偶数页、第 3 节奇数页和偶数页的页眉区、页脚区的"链接到前一节页眉"按钮的选中状态。

④将光标定位到第 2 节偶数页页脚，单击"设计"选项卡|"页眉和页脚"组|"页码"按钮，在弹出的下拉菜单中选择"页面底端"|"普通数字 2"命令，观察文档窗口变化。

⑤将光标定位到第 3 节的奇数页页眉编辑区域，按下 Tab 键两次将光标定位在页眉右侧（也可单击"开始"选项卡|"段落"组中|"文本右对齐"按钮），输入论文题目"论信息技术对社会发展的影响"（图 3-80）；单击"设计"选项卡|"导航"组|"转至页脚"按钮，切换到页脚编辑区，单击"设计"选项卡|"页眉和页脚"组|"页码"按钮，在弹出的下拉菜单中选择"页面底端"|"普通数字 3"命令，且设置起始页码为 1（图 3-81）。

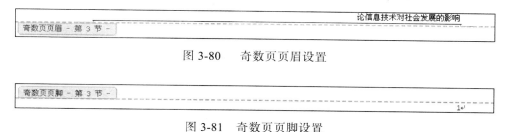

图 3-80　奇数页页眉设置

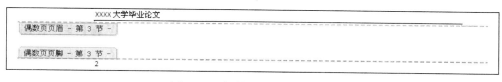

图 3-81　奇数页页脚设置

⑥类似步骤⑤，完成偶数页页眉和页脚的设置（图 3-82）。

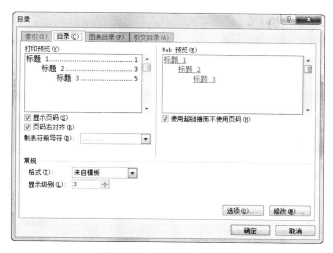

图 3-82　偶数页页眉页脚设置

7. 制作目录

（1）将插入光标定位到前面分出来的空白页中，在第 1 行输入"目录"两个字，并将格式设置为黑体、小三、加粗、居中。

（2）将插入光标定位在"目录"行尾，按 Enter 键，生成新的一个段落。

（3）单击"引用"选项卡|"目录"组|"目录"按钮，在弹出的下拉菜单中选择"插入目录"命令，打开如图 3-83 所示"目录"对话框。

图 3-83　"目录"对话框

提示

系统默认以标题 1、标题 2、标题 3 为依据自动生成目录，如果希望目录包括没有设置为标题格式的文本，可以使用以下过程标记各个文本项：

①选择要在目录中包括的文本。

②单击"引用"选项卡|"目录"组中|"添加文字"按钮。

③单击要将所选内容标记为的级别，如为在目录中显示的级别选择"级别 1"。

④重复步骤①到步骤③，直到希望显示的所有文本都出现在目录中。

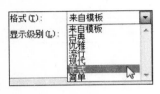

图 3-84　选择"正式"目录

（4）单击"格式"框的下拉箭头，在弹出的下拉列表中选择 Word 预设置的若干种目录格式，如"正式"（图 3-84），可通过"Web 预览"区查看相关格式的生成效果。

（5）单击"显示级别"框的下拉箭头，设置生成目录的标题级数，Word 默认使用 3 级标题生成目录，可通过调整右侧的微调按钮设置，这里设置级别为 2。

（6）单击"制表符前导符"框的下拉箭头，在弹出的列表中选择一种选项，设置目录内容与页号之间的连接符号格式，这里默认的格式是点线（图 3-83）。

（7）完成与目录格式相关的选项设置之后，单击"确定"按钮，即可自动生成目录，如图 3-85 所示。

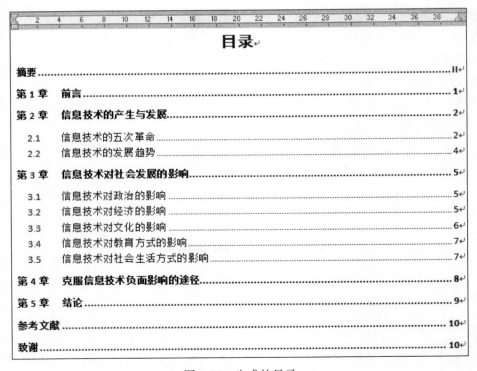

图 3-85　生成的目录

提示

当目录制作完成后又对文档进行了修改,不管是修改了标题或正文内容,为了保证目录的绝对正确,应对目录进行更新。操作方法为:将光标移至目录区域并右击,在弹出的快捷菜单中选择"更新域"命令,打开"更新目录"对话框,如图 3-86 所示,选择"更新整个目录"单选按钮,单击"确定"按钮更新目录。

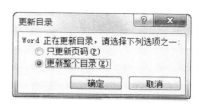

图 3-86　更新目录

3.5　邮　件　合　并

3.5.1　实验目的

(1) 理解邮件合并功能的应用领域;

(2) 掌握邮件合并数据源的制作方法;

(3) 理解和掌握指定数据源和在主文档中插入合并域的方法;

(4) 掌握批量制作中文信封的方法。

3.5.2　实验说明

填写并寄发学校一年一度的新生录取通知书是很令人头痛的。这些录取通知书及其信封,其主要内容基本相同,只是具体数据有所变化。因此,为了减少重复工作,提高办公效率,可以使用 Word 的"邮件合并"功能,批量制作录取通知书和信封。

3.5.3　实验内容

1. 批量制作录取通知书——创建数据源

在 Word 中建立如表 3-2 所示的表格,保存为"录取通知书数据源.docx"。

表 3-2　录取通知书数据源

编号	姓名	学院	专业
2011001	杜华祥	计算机与信息工程	网络工程
2011002	李文俊	经济与管理	工商管理
2011003	王谭杰	音乐	舞蹈编导
2011004	李成利	体育	人体科学
2011005	张桃林	政治与管理科学	行政管理
2011006	杜志云	外国语	英语
2011007	杜天珍	化学与环境科学	化学
2011008	刘小芳	公共事务	社会工作
2011009	李武晴	生命科学	生物科学
2011010	张伟兰	经济与管理	工商管理

提示

"数据源"文档是含有标题行的数据记录表。它由字段列和记录行构成，字段列规定该列存储的信息，每条记录行存储着一个对象的相应信息。数据源可以是 Word、Excel、Access 文件或 Outlook 中的联系人记录表。在"数据源"文档中只允许包含一个表格，可以在合并文档时仅使用表格的部分数据。

在实际工作中，数据源通常是已存在的，如要制作大量客户信封，多数情况下，客户信息可能早已被客户经理做成了 Excel 表格，其中含有制作信封需要的"姓名"、"地址"、"邮编"等字段。在这种情况下，直接拿过来使用就可以了，而不必重新制作。也就是说，在准备自己建立之前要先考查一下，是否有现成的可用数据。如果没有现成的数据则要根据主文档对数据源的要求建立，根据用户的习惯使用 Word、Excel、Access 都可以，实际工作时，常常使用 Excel 制作。

2. 批量制作录取通知书——创建主文档

在 Word 中创建主文档，在文档里输入一些固定不变的内容，如图 3-87 所示，保存为"录取通知书主文档.docx"。

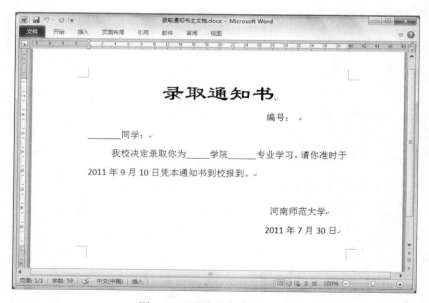

图 3-87　录取通知书主文档

3. 批量制作录取通知书——邮件合并

（1）打开主文档，单击"邮件"选项卡 |"开始邮件合并"组 |"选择收件人"按钮，在下拉菜单中选择"使用现有列表"命令，在弹出的"选取数据源"对话框中找到准备好的数据源"录取通知书数据源.docx"，单击"打开"按钮。

（2）在主文档中将光标移至需要插入域的位置。例如，要插入"姓名"时，先将光标移至主文档"同学"之前，然后使用"邮件"选项卡 |"编写和插入域"组 |"插入合并域"在

弹出的下拉列表中选择"姓名"（表 3-2 中的标题即字段），如图 3-88 所示，并单击可插入域。同样的方法可插入"编号"、"学院"、"专业"等，完成后的效果如图 3-89 所示，文档中将出现四个引用字段。

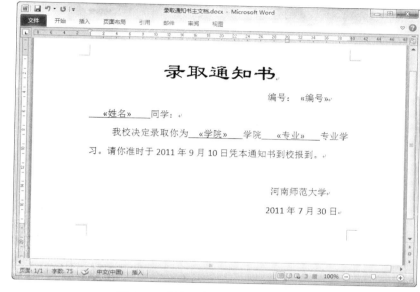

图 3-88　插入合并域　　　　　　　　　图 3-89　"插入合并域"后的文档

提示

不能手动键入合并域字符，如"《姓名》"，必须使用插入合并域。若要设置合并数据的格式，则选择合并域字符并设置其格式，就像为任何文本设置格式一样，确保所选内容包含域两边的尖括号（《》）。

（3）向主文档添加域之后，即可预览合并结果。要进行预览，在"邮件"选项卡上的"预览结果"组中执行任一操作（图 3-90）：单击"预览结果"，即可看到邮件合并之后的数据；通过使用"预览结果"组中"下一记录"和"上一记录"按钮，逐页预览合并文档；通过单击"查找收件人"来预览某个特定文档。

图 3-90　"预览结果"组

（4）单击"邮件"选项卡 |"开始邮件合并"组 |"编辑收件人列表"按钮，打开"邮件合并收件人"对话框，如图 3-91 所示，如果有不希望包括的记录，可以在此处对列表进行筛选，也可以清除某些收件人。确认正确无误之后，单击"确定"按钮。

（5）单击"邮件"选项卡 |"完成"组 |"完成并合并" |"编辑单个文档"命令，在弹出的"合并到新文档"对话框中，选中"全部"单选按钮，最后单击"确定"按钮，就能自动生成每个同学的录取通知书了。

4. 批量制作中文信封

（1）单击"邮件"选项卡 |"创建"组 |"中文信封"按钮，打开"信封制作向导"对话框，

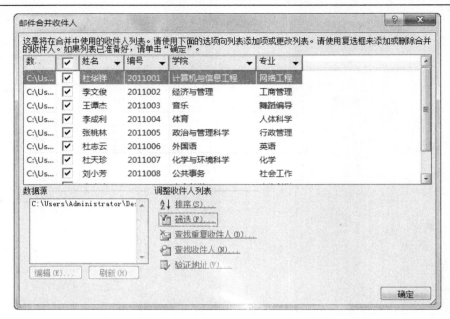

图 3-91　"邮件合并收件人"对话框

在向导中单击"下一步"按钮打开"选择信封样式"对话框，如图 3-92 所示，在信封样式中
选择合适的信封样式，单击"下一步"按钮。

（2）在打开的"选择生成信封的方式和数量"中，可以选择"键入收信人信息，生成单
个信封"或"基于地址簿文件，生成批量信封"，如果选择了前者，则需要手动输入收信人信
息如姓名、地址、邮编等，对于学校来说，一般都有自己的招生数据库，所以选择后者，单
击"下一步"按钮。

（3）如图 3-93 所示，在打开的"从文件中获取并匹配收信人信息"中，单击"选择地址
簿"按钮，选择素材文档"招生信息.xlsx"。素材文档的内容如图 3-94 所示。

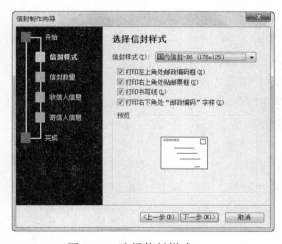

图 3-92　选择信封样式

图 3-93　从文件中获取并匹配收信人信息

	A	B	C	D	E	F
1	编号	姓名	学院	专业	地址	邮编
2	2011001	杜华祥	计算机与信息工程	网络工程	洛阳市嵩县一高	471400
3	2011002	李文俊	经济与管理	工商管理	新乡市十中	453000
4	2011003	王谭杰	音乐	舞蹈编导	驻马店市上蔡县西洪一中	463800
5	2011004	李成利	体育	人体科学	焦作市孟州第五高级中学	454750
6	2011005	张桃林	政治与管理科学	行政管理	陕西省西安市第五中学	710000
7	2011006	杜志云	外国语	英语	洛阳市十二中	471000
8	2011007	杜天珍	化学与环境科学	化学	安阳市安阳县二中	455100
9	2011008	刘小芳	公共事务	社会工作	商丘市虞城县张集一中	476300
10	2011009	李武晴	生命科学	生物科学	商丘市一中	476000
11	2011010	张伟兰	经济与管理	工商管理	漯河市实验高中	462000

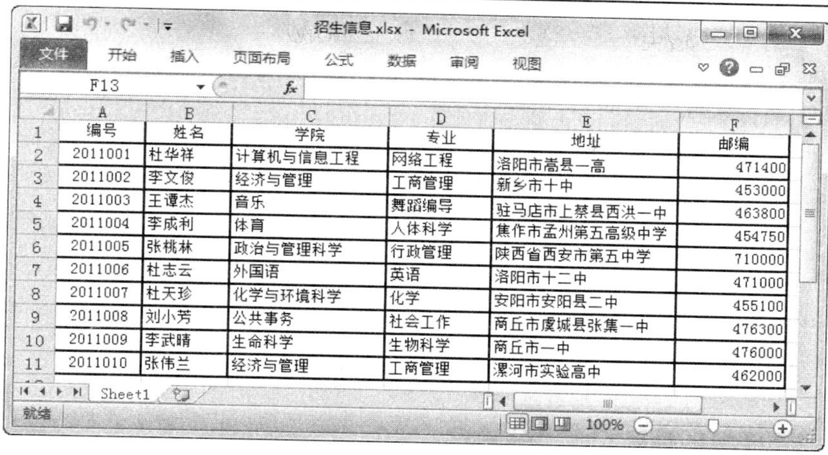

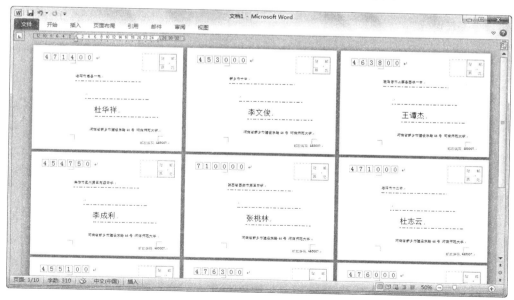

图 3-94　素材文档“招生信息.xlsx”

提示

这里的地址簿文件只支持 TXT 格式和 Excel 表格，如果用户的地址簿不是这两种格式，那么请转换。注意在 TXT 格式中各项收件人信息之间应使用 Tab 键分割，建议大家使用 Excel 表格。

(4) 选择好地址簿文件后，就需要匹配收信人信息了，将“地址簿中的对应项”中的内容以列为单位依次与“收信人”栏中信息对号入座，单击“下一步”按钮。

(5) 在打开的“输入寄信人信息”中，据实输入招生单位的通信地址，单击“下一步”按钮。

(6) 单击“完成”按钮，如图 3-95 所示，中文信封批量生成了。

图 3-95　批量生成的中文信封

第 4 章　Excel 2010 电子表格

4.1　Excel 2010 基本操作

4.1.1　实验目的

(1) 熟练掌握 Excel 的启动、退出和窗口的组成；

(2) 理解工作簿、工作表、单元格之间的关系；

(3) 熟练掌握各种类型数据输入、编辑和修改方法；

(4) 掌握填充序列和自定义序列的使用方法；

(5) 掌握工作表的插入、删除、移动、复制、重命名等编辑方法；

(6) 掌握单元格的插入、删除、移动、复制等编辑方法；

(7) 掌握工作表的格式化设置；

(8) 掌握单元格合并和拆分等格式化方法。

4.1.2　实验说明

在 Excel 中建立如图 4-1 所示的"大学计算机基础成绩汇总"电子表格，基本要求如下。

	A	B	C	D	E	F	G	H	I	J
1				大学计算机基础成绩汇总						
2	序号	姓名	出生日期	年龄	性别	平时成绩(20%)	期末成绩(80%)	总分	总评	名次
3	001	王大伟	一九九二年十二月二十五日		男	75.00	54.00			
4	002	李继东	一九九二年十月七日		男	89.00	83.00			
5	003	郑开来	一九九〇年一月四日		女	75.00	90.00			
6	004	王智	一九九三年三月十二日		男	96.00	95.00			
7	005	李果	一九九〇年二月二十五日		女	85.00	79.00			
8	006	刘梅	一九九一年十二月四日		女	80.00	78.00			
9	007	王彬彬	一九八九年十一月十一日		男	78.00	64.00			
10	008	高晰	一九九三年八月十三日		男	70.00	45.00			
11	009	任伟东	一九九二年五月一日		男	78.00	72.00			
12	010	张萌	一九九一年九月十日		女	82.00	90.00			
13	011	冯云迪	一九九二年四月十日		女	98.00	100.00			
14		课程通过率：			最高分：		最低分：		平均分：	

成绩表　成绩表备份

图 4-1　"大学计算机基础成绩汇总"电子表格

(1) 该工作簿包含两张工作表"成绩表"和"成绩表备份"，内容完全相同。

(2) "性别"列提供"男"、"女"输入列表，供教师选择输入。

(3) 为"平时成绩(20%)"和"期末成绩(80%)"列的输入设置有效范围，如凡是在"平时成绩(20%)"列中，输入小于 0 或者大于 100 的数值时，均提示出错。

(4) 设置 F3:H13 区域的单元格保留两位小数。

(5) 为"平时成绩(20%)"(F2 单元格)添加批注，内容为"包含考勤、作业和提问"。

4.1.3　实验内容

1. 直接输入数据

（1）启动 Excel 2010 程序，系统会自动新建一个空白工作簿。该工作簿默认包含 3 张工作表（Sheet1、Sheet2、Sheet3）。

（2）单击 A1 单元格，选中 A1 单元格；输入表格标题"大学计算机基础成绩汇总"，注意观察此时的编辑栏，如图 4-2 所示，此时编辑栏上多出 3 个工具按钮："取消"按钮 ✖，"确认"按钮 ✔，"插入函数"按钮 ƒx；按下 Enter 键，或单击"确认"按钮，即可把表格标题输入到 A1 单元格中。

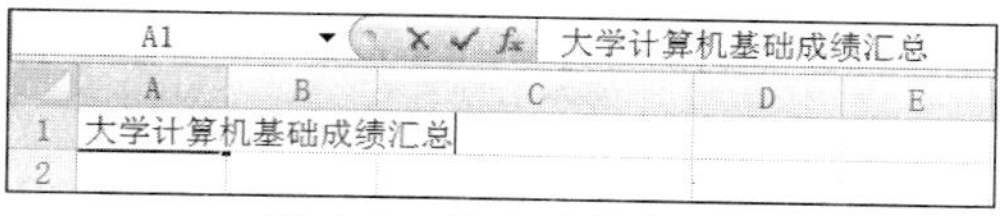

图 4-2　输入表格标题

（3）在 A2:J2 区域中，参照图 4-1 示例完成第二行列标题的输入。输入"平时成绩（20%）"和"期末成绩（80%）"时，可以使用 Alt+Enter 键实现单元格内的强制换行；也可以选定单元格，然后单击"开始"选项卡|"对齐方式"组|"自动换行"按钮，系统可根据单元格列宽将文本换行显示，并且自动调整行高以容纳所有内容。

（4）在 B3:B13 区域中，参照图 4-1 示例完成"姓名"列具体数据的输入。

（5）在 C3:C13 区域中，参照图 4-3 示例完成"出生日期"列具体数据的输入。

 提示

出生日期是日期型数据，千万不要按照图 4-1 给出的效果逐个汉字输入。应按照日期格式的规范输入法输入，如 1992/12/25。单元格中显示的是默认的日期格式，可能是 1992/12/25，也可能是 1992-12-25，或者其他格式。

2. 自动填充数据

（1）切换到英文输入法，在 A3 单元格中输入"'001"。

（2）用鼠标指向该单元格右下角填充柄处，鼠标形状变为黑色实心加号"+"。

（3）按住鼠标左键并拖动鼠标至 A13 单元格（图 4-4），释放鼠标，Excel 便会自动输入"002"至"011"。

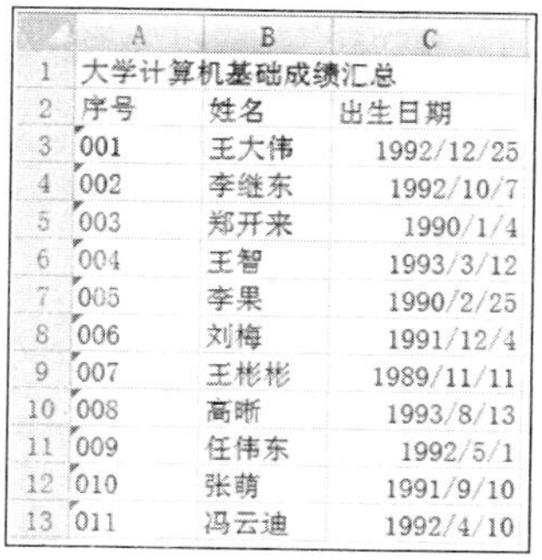

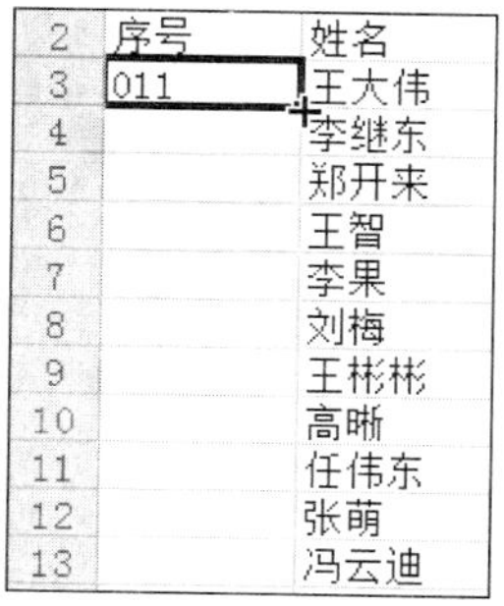

图 4-3　输入出生日期　　　　　　　图 4-4　自动填充数据

提示

Excel 中文本内容对齐方式的默认设置为左对齐，数值数据和日期型数据内容对齐方式的默认设置为右对齐。

3. 设置"数据输入帮手"

(1) 选中设置对象 E3:E13 区域（"性别"列）。

(2) 选择"数据"选项卡|"数据工具"组|"数据有效性"按钮 ，打开"数据有效性"对话框。

(3) 在"设置"选项卡上，单击"允许"项右边的下拉箭头按钮，在打开的列表中选择"序列"；在"来源"编辑框中输入"男,女"，注意"男"和"女"要用英文半角逗号分隔开，如图 4-5 所示。

(4) 打开"输入信息"选项卡，按图 4-6 所示填写提示信息，单击"确定"按钮完成"提示信息"的设置。

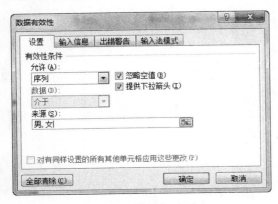

图 4-5 "设置"选项卡

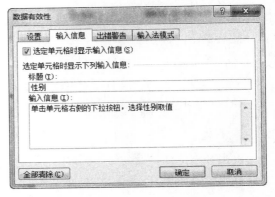

图 4-6 "输入信息"选项卡

(5) 单击"确定"按钮完成设置。观察以上操作效果：当选择 E3:E13 区域的任何一个单元格时，系统将出现所设置的提示信息，如图 4-7 所示，同时在单元格右边出现下拉按钮，通过下拉按钮可以在打开的序列中选择"男"或"女"，如图 4-8 所示。

图 4-7 出现提示信息

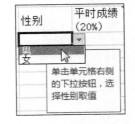

图 4-8 "性别"可选项

 提示

上述操作(3)中关于"来源"的设置还可采用下列方法：首先在 M1、M2 两个单元格中分别输入男、女，这两个数据是"性别"的来源所在，也可以把它们放到工作表不影响其他数据的任何单元格中；然后打开"数据有效性"对话框设置，通过"来源"编辑框右侧选择按钮，选择序列来源 M1:M2 区域，如图 4-9 所示；单击"确定"按钮即可完成设置。注意，当修改或删除 M1:M2 区域中的内容时，"性别"列(E3:E13)单元格的可选项也会发生相应改变。

　　利用"数据输入帮手"，有利于减少人工输入错误，但如果数据取值范围不固定通常不能使用。

图 4-9　"来源"编辑框

4．设置数据的有效范围

（1）选中设置对象 F3:G13 区域，即"平时成绩(20%)"和"期末成绩(80%)"列。

（2）选择"数据"选项卡|"数据工具"组|"数据有效性"按钮，打开"数据有效性"对话框。

（3）在"设置"选项卡上，单击"允许"项右边的下拉箭头按钮，在打开的列表中选择"小数"；在"最小值"和"最大值"编辑框中分别输入"0"、"100"。

（4）打开"出错警告"选项卡，具体设置如图 4-10 所示。

图 4-10　"出错警告"选项卡

（5）单击"确定"按钮完成设置。观察以上操作效果：当在"平时成绩(20%)"或"期末成绩(80%)"列相应单元格中输入数据大于 100、或小于 0、或非数值数据时，将出现所设置的出错警告，如图 4-11 所示。

图 4-11　出错警告

5．工作表的格式化

（1）如图 4-1 所示，对表格标题"大学计算机基础成绩汇总"依次做如下操作：

①单击 A1 单元格，按住鼠标左键并拖动至 J1 单元格，释放鼠标，屏幕上出现一片被选中的相邻区域 A1:J1。也可通过单击 A1 单元格后，按住 Shift 键再单击 J1 单元格选中该区域。

②单击"开始"选项卡|"对齐方式"组|"合并后居中"按钮 ，并利用"字体"组中的"字体"、"字号"列表框，将标题文字设置为"黑体"，"14号"。

(2) 选中 C3:C13 区域，在"开始"选项卡上单击"数字"对话框启动器，打开"设置单元格格式"对话框，如图 4-12 所示在"数字"选项卡上的"类型"框中选择"二〇〇一年三月十四日"，单击"确定"按钮完成设置。该区域单元格中如果出现的是一串"#"号，表示日期长度超出了单元格宽度，则将光标移到"C"和"D"两列标中间，当光标变为双向箭头形状时拖动分割线至日期正确显示即可。

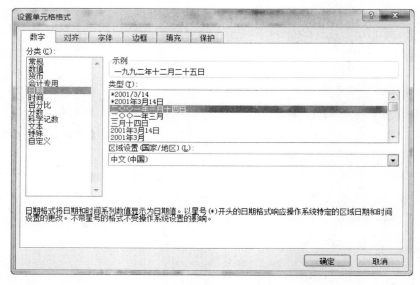

图 4-12　设置日期格式为全汉字方式

提示

直接双击行(列)号与行(列)号之间的分隔线可设置最适合的行高(列宽)。

(3) 选中 F3:H13 区域，在"开始"选项卡上单击"数字"对话框启动器，打开"设置单元格格式"对话框，在"数字"选项卡中选择"分类"列表中"数值"，设置小数位数为"2"。

(4) 选中 A1:J13 区域，在"开始"选项卡上单击"数字"对话框启动器，打开"设置单元格格式"对话框，选择"边框"选项卡，单击"线条样式"中的"双线"，单击"预置"框中"外边框"进行外边框线的设置，单击"线条样式"中的"细线"，单击"预置"框中的"内部"进行内部线的设置，如图 4-13 所示。

6. 添加批注

(1) 右击"平时成绩(20%)"(F2 单元格)，在弹出的快捷菜单中选择"插入批注"命令。

(2) 在出现的文本框中输入批注内容"包含考勤、作业和提问"，单击任意单元格结束输入。

(3) 观察以上操作效果：插入批注的单元格右上角显示一个红色的三角块，将鼠标指针指向该单元格，会自动显示批注内容，如图 4-14 所示。批注起到对单元格中的内容进行简单的解释或说明作用。

图 4-13　"边框"选项卡

7. 工作表编辑

（1）重命名工作表：右击工作表标签 Sheet1，从弹出的快捷菜单中选择"重命名"命令，如图 4-15 所示；此时，工作表默认名 Sheet1 被选中，直接输入"成绩表"；按下 Enter 键，完成重新命名操作，"成绩表"成为当前工作表的标签名称。

图 4-14　插入批注

图 4-15　重命名工作表

（2）删除工作表：右击工作表标签 Sheet2，从弹出的快捷菜单中选择"删除"命令，即可将 Sheet2 工作表删除；用同样的方法将 Sheet3 工作表删除，最终仅保留"成绩表"工作表，如图 4-16 所示。

（3）复制工作表：将光标移到"成绩表"工作表标签上，按住 Ctrl 键拖曳释放就会出现一张新的完全相同的工作表，如图 4-17 所示工作表标签名自动在原工作表名的后面加上一个带圆括弧的序号。将该工作表重命名为"成绩表备份"。

图 4-16　删除空工作表后的结果

图 4-17　拖曳复制工作表后的结果

4.2　公式与函数

4.2.1　实验目的

(1) 掌握单元格绝对引用、相对引用和混合引用的方法；

(2) 熟练掌握公式的基本操作；

(3) 掌握利用函数进行数据统计的方法；

(4) 掌握条件格式的设置方法。

4.2.2　实验说明

利用公式和函数对 4.1 节创建的"大学计算机基础成绩汇总"电子表格中的"成绩表"进行统计和分析，结果如图 4-18 所示，基本要求如下。

1			大学计算机基础成绩汇总							
2	序号	姓名	出生日期	年龄	性别	平时成绩(20%)	期末成绩(80%)	总分	总评	名次
3	001	王大伟	一九九二年十二月二十五日	21	男	75.00	54.00	58.20	不及格	10
4	002	李继东	一九九二年十月七日	21	男	89.00	83.00	84.20	良好	5
5	003	郑开来	一九九〇年一月四日	23	女	75.00	90.00	87.00	良好	4
6	004	王智	一九九三年三月十二日	20	男	96.00	95.00	95.20	优秀	2
7	005	李果	一九九〇年二月二十五日	23	女	85.00	79.00	80.20	良好	6
8	006	刘梅	一九九一年十二月四日	22	女	80.00	78.00	78.40	中等	7
9	007	王彬彬	一九八八年十一月一日	24	男	78.00	64.00	66.80	及格	9
10	008	高晰	一九九三年八月十三日	20	男	67.00	45.00	49.40	不及格	11
11	009	任伟东	一九九二年五月一日	21	男	78.00	72.00	73.20	中等	8
12	010	张萌	一九九一年九月十日	22	女	82.00	90.00	88.40	良好	3
13	011	冯云迪	一九九二年四月十日	21	男	98.00	100.00	99.60	优秀	1
14		课程通过率：		81.82%	最高分：	99.60	最低分：	49.40	平均分：	78.24

图 4-18　成绩表范例

(1) 根据表中原有数据计算每名学生的"年龄"、"总分"、"总评"和"名次"。

(2) "总评"根据"总分"自动设置五档：大于等于 90 分为"优秀"，小于 90 且大于等于 80 分为"良好"，小于 80 且大于等于 70 分为"中等"，小于 70 且大于等于 60 为"及格"，60 分以下为"不及格"。

(3) 根据"总分"数据，计算出该课程的"课程通过率"、"最高分"、"最低分"和"平均分"。

(4) 利用条件格式设置"总分"小于 60 分的单元格格式为"黄填充色深黄色文本"。

4.2.3　实验内容

1. 计算年龄

(1) 单击 D3 单元格，输入公式"=YEAR(TODAY())−YEAR(C3)"，按 Enter 键或单击"确定"按钮 ✔，公式结果值"21"出现在 D3 单元格中，如图 4-19 所示。

图 4-19　计算年龄

提示

单元格 D3 中显示公式的运算结果，编辑栏中显示具体公式。若 D3 单元格显示的依然还是年份而不是学生的年龄，就必须重新设置该单元格格式。在"开始"选项卡上单击"数字"对话框启动器，打开"设置单元格格式"对话框，在"数字"选项卡中选择"分类"列表中"数值"，设置小数位数为"0"。

（2）修改 C3 单元格中的出生日期，此时 D3 单元格中的结果值就会通过公式的自动重算功能，给出最新变化的结果值。

（3）拖曳 D3 单元格填充柄至 D13 单元格实现其他同学年龄的计算。拖动填充柄之后，会出现"自动填充选项"按钮，如图 4-20 所示，选择"不带格式填充"。

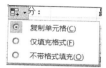

图 4-20　自动填充选项

（4）单击 D3:D13 区域的任一单元格，观察编辑栏的变化。

2. 计算总分

（1）单击 H3 单元格，输入公式"=F3*20%+G3*80%"，按下 Enter 键或单击"确定"按钮，实现总分的计算。

（2）拖曳 H3 单元格填充柄至 H13 单元格，实现其他同学总分的计算。

3. 计算课程最高分、最低分、平均分

（1）选中 F14 单元格，单击"公式"选项卡|"函数库"组|"自动求和"按钮，在弹出的下拉菜单中选择"最大值"命令，如图 4-21 所示。

（2）此时只需按住鼠标左键不放，然后拖动鼠标选定参与计算的一组数据 H3:H13（学生总分），如图 4-22 所示，注意观察 F14 单元格内容的变化。

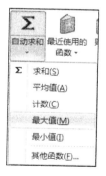

图 4-21　"自动求和"下拉菜单

性别	平时成绩(20%)	期末成绩(80%)	总分
男	75.00	54.00	58.20
男	89.00	83.00	84.20
女	75.00	90.00	87.00
男	96.00	95.00	95.20
女	85.00	79.00	80.20
女	80.00	78.00	78.40
男	78.00	64.00	66.80
男	67.00	45.00	49.40
男	78.00	72.00	73.20
女	82.00	90.00	88.40
女	98.00	100.00	99.60
最高分:	=MAX(F3:F13)		

图 4-22　求最大值

（3）按 Enter 键即可完成课程最高分的计算。

（4）仿照上述操作分别完成课程最低分和平均分的计算。

4. 计算总评

（1）选中 I3 单元格，单击"插入函数"按钮 *fx*，打开"插入函数"对话框，如图 4-23 所示。

（2）在"选择函数"列表框中，选取函数"IF"，弹出"函数参数"对话框。

（3）在 Logical_test 编辑框中输入判断条件："H3>=90"（H3 单元格存放学生"王大伟"的分数）。

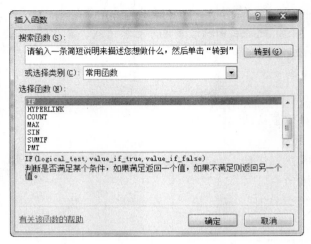

图 4-23　"插入函数"对话框

（4）在 Value_if_true 编辑框中输入"优秀"，注意编辑栏的变化，如图 4-24 所示。

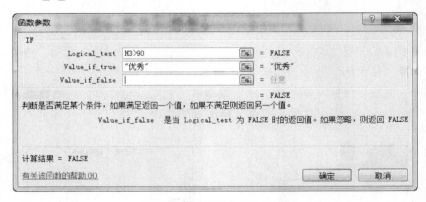

图 4-24　设置条件及结果值

（5）单击 Value_if_false 编辑框（不进行任何文字输入），单击"编辑栏"左侧的"IF"函数按钮（图 4-25），打开一个空白"函数参数"对话框，注意观察编辑栏的内容变化。

图 4-25　"编辑栏"中的"IF"函数按钮

（6）在 Logical_test 编辑框中输入判断条件："H3>=80"。

（7）在 Value_if_true 编辑框中输入"良好"，注意编辑栏的变化。

（8）单击 Value_if_false 编辑框（不进行任何文字输入），单击"编辑栏"左侧的"IF"函数按钮，再次打开一个空白"函数参数"对话框，继续填入分数少于 80 分情况的判断。

（9）在 Logical_test 编辑框中输入判断条件："H3>=70"。

（10）在 Value_if_true 编辑框中输入"中等"，注意编辑栏的变化。

（11）单击 Value_if_false 编辑框（不进行任何文字输入），单击"编辑栏"左侧的"IF"函数按钮，第三次打开一个空白"函数参数"对话框，继续填入分数少于 70 分情况的判断。

（12）在 Logical_test 编辑框中输入判断条件："H3>=60"。

（13）在 Value_if_true 编辑框中输入"及格"，在 Value_if_false 编辑框中输入"不及格"（图 4-26），注意编辑栏的变化。

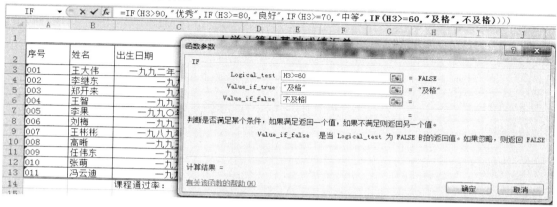

图 4-26　判断条件输入完成

（14）单击"确定"按钮关闭"函数参数"对话框，在 I3 单元格中出现"不及格"字样。

提示

也可以直接在 I3 单元格中，输入公式"=IF(H3>=90,"优秀",IF(H3>=80,"良好",IF(H3>=70,"中等", IF(H3>=60,"及格","不及格")))))"，按 Enter 键或单击"确定"按钮 ✔，实现总评的计算。

（15）拖曳 I3 单元格填充柄至 I13 单元格，完成 I4:I13 区域"总评"成绩公式的设置。

5. 计算名次和课程通过率

（1）单击 J3 单元格，输入公式"=RANK(H3,$H$3:$H$13)"，按 Enter 键或单击"确定"按钮 ✔，拖曳 J3 单元格填充柄至 J13 单元格实现所有同学名次的计算。

（2）单击 D14 单元格。输入公式"=COUNTIF(H3:H13,">=60")/COUNT(H3:H13)"，按 Enter 键或单击"确定"按钮 ✔；再次选中该单元格，单击"开始"选项卡|"数字"组|"%"按钮 %。

6. 使用条件格式

（1）选定要设置条件格式的区域 H3:H13。

（2）单击"开始"选项卡|"样式"组|"条件格式"下边的箭头，如图 4-27 所示，在弹出的下拉菜单中选择"突出显示单元格规则"|"小于"命令，弹出"小于"对话框。

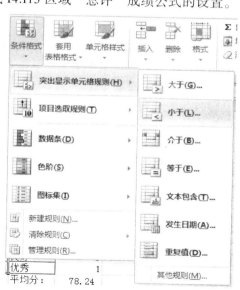

图 4-27　"条件格式"下拉菜单

（3）如图 4-28 所示，设置单元格中的数值小于 60 时，单元格格式为"黄填充色深黄色文本"。

图 4-28 "小于"对话框

4.3 数 据 管 理

4.3.1 实验目的

（1）掌握简单排序和多重排序的方法；
（2）掌握自动筛选和高级筛选的方法；
（3）理解条件区域；
（4）掌握分类汇总的方法；
（5）掌握数据透视表的功能及用法。

4.3.2 实验说明

建立如图 4-29 所示的"教师工作量核算表"电子表格，分别要求完成以下操作。

	A	B	C	D	E	F	G
1	教师工作量核算表						
2	序号	姓名	性别	年龄	职称	院系	工作量
3	1	赵春梅	女	30	讲师	体育	10
4	2	岳晓燕	女	36	副教授	计算机	90.3
5	3	林海	男	25	助教	体育	10
6	4	李立	女	42	教授	外语	183.6
7	5	王立新	男	46	副教授	外语	424.8
8	6	刘成	男	51	教授	外语	603
9	7	薛宝春	女	28	助教	计算机	328.6
10	8	孙大海	男	27	助教	外语	220.8
11	9	陈琳	女	45	教授	计算机	10
12	10	达志兵	男	35	副教授	体育	478.2
13	11	黄光闰	男	52	教授	体育	603.8
14	12	李海	男	33	讲师	计算机	394.8

图 4-29 教师工作量核算表

（1）排序：将数据首先按工作量从高到低排序，工作量相同的按职称从高到低排序。
（2）自动筛选：筛选出工作量超过 400（含 400）的教授。
（3）高级筛选：筛选出年龄在 30～50 岁之间的计算机学院女教师以及任何年龄段的男教授。
（4）简单分类汇总：按院系汇总教师完成的总工作量。

(5) 嵌套分类汇总：在(4)的基础上，再汇总出各个院系男女教师的人数。

(6) 数据透视表：统计各院系男女教师各个职称段的人数。

4.3.3　实验内容

1. 排序

(1) 参照图 4-29 创建电子表格，并以文件名"教师工作量核算表.xlsx"保存。

(2) 选中数据区域中任意单元格，选择"开始"选项卡|"编辑"选项组|"排序和筛选"按钮，在弹出的菜单中，选择"自定义排序"命令；或者单击"数据"选项卡|"排序和筛选"组|"排序"按钮，注意观察文档窗口变化。

(3) 弹出"排序"对话框，在"主要关键字"下拉列表框中选择"工作量"选项，在"次序"下拉列表框中选择"降序"选项，如图 4-30 所示。

图 4-30　"排序"对话框

(4) 在该对话框中单击"添加条件"按钮，添加次要关键字，在"次要关键字"下拉列表框中选择"职称"选项，在"次序"下拉列表框中选择"自定义序列"选项，如图 4-31所示。

图 4-31　添加"次要关键字"

(5) 弹出"自定义序列"对话框，在"输入序列"列表框中，输入自定义序列，并单击"添加"按钮，如图 4-32 所示。

图 4-32 "自定义序列"对话框

（6）单击"确定"按钮，返回"排序"对话框。

（7）再次单击"确定"按钮，完成排序，排序结果如图 4-33 所示。

	A	B	C	D	E	F	G
1				教师工作量核算表			
2	序号	姓名	性别	年龄	职称	院系	工作量
3	11	黄光闰	男	52	教授	体育	603.8
4	6	刘成	男	51	教授	外语	603
5	10	达志兵	男	35	副教授	体育	478.2
6	5	王立新	男	46	副教授	外语	424.8
7	12	李海	男	33	讲师	计算机	394.8
8	7	薛宝春	女	28	助教	计算机	328.6
9	8	孙大海	男	27	助教	外语	220.8
10	4	李立	女	42	教授	外语	183.6
11	2	岳晓燕	女	36	副教授	计算机	90.3
12	9	陈琳	女	45	教授	计算机	10
13	1	赵春梅	女	30	讲师	体育	10
14	3	林海	男	25	助教	体育	10

图 4-33 排序结果

 提示

通常在对数据清单按照某一列进行排序时，也就是排序的约束条件只有一个，最常用的方法是选择该列的任意单元格，单击"数据"选项卡|"排序和筛选"组|"升序"按钮 或"降序"按钮 即可完成排序。

2. 自动筛选

（1）打开工作表"教师工作量核算表.xlsx"，选中数据区域中任意单元格。

（2）单击"数据"选项卡|"排序和筛选"组|"筛选"按钮，此时，"自动筛选"箭头会出现在数据清单中列标题的右侧。

（3）单击"工作量"列标题右侧的箭头按钮，在弹出的下拉列表中选择"数字筛选"|"大于或等于"选项，如图 4-34 所示；弹出"自定义自动筛选方式"对话框，从中输入数值 400，如图 4-35 所示，单击"确定"按钮。

图 4-34　"条件格式"下拉菜单

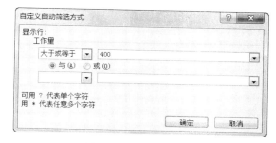

图 4-35　"小于"对话框

（4）单击"职称"列标题右侧的箭头按钮，在弹出的下拉列表的"文本筛选"框中去掉"副教授"复选框；单击"确定"按钮，筛选的结果如图 4-36 所示。

	A	B	C	D	E	F	G
1				教师工作量核算表			
2	序号	姓名	性别	年龄	职称	院系	工作量
3	11	黄光闰	男	52	教授	体育	603.8
4	6	刘成	男	51	教授	外语	603

图 4-36　自动筛选结果

（5）观察筛选结果：按照某一列筛选数据后，该列右侧的下拉按钮将变为 按钮。

 提示

步骤（4）是在步骤（3）筛选结果的基础上再进行筛选，因此是"逻辑与"的关系，所以步骤（3）与步骤（4）综合筛选的数据是"工作量超过 400（含 400）"并且是"教授"的记录。

在数据清单中进行筛选操作，是要从中提炼出满足筛选条件的数据，不满足条件的数据只是暂时被隐藏起来（并未真正被删除掉），一旦筛选条件被撤走，这些数据又重新出现。

3. 高级筛选

（1）打开工作表"教师工作量核算表.xlsx"，然后在单元格区域 I3:M5 中输入条件，如图 4-37 所示。

	G	H	I	J	K	L	M
2	工作量						
3	10		年龄	年龄	院系	性别	职称
4	90.3		>=30	<=50	计算机	女	
5	10					男	教授
6	183.6						

图 4-37　设置条件区域

（2）单击"数据"选项卡|"排序和筛选"组|"高级"按钮，弹出"高级筛选"对话框，分别设置"列表区域"和"条件区域"，如图 4-38 所示。

图 4-38　"高级筛选"对话框

 提示

条件区域至少是两行，首行为数据清单相应字段精确匹配的字段名。同一行上的条件关系为逻辑与的关系，不同行之间为逻辑或（或者）的关系。

（3）单击"确定"按钮，进行高级筛选，筛选结果如图 4-39 所示。

	A	B	C	D	E	F	G
2	序号	姓名	性别	年龄	职称	院系	工作量
4	2	岳晓燕	女	36	副教授	计算机	90.3
8	6	刘成	男	51	教授	外语	603
11	9	陈琳	女	45	教授	计算机	10
13	11	黄光闰	男	52	教授	体育	603.8

图 4-39　高级筛选结果

4. 简单分类汇总

（1）打开工作表"教师工作量核算表.xlsx"，选中"院系"数据列的任一单元格。

（2）单击"数据"选项卡|"排序和筛选"组|"升序"按钮 ↓，对该列进行排序。

（3）单击"数据"选项卡|"分级显示"组|"分类汇总"按钮，弹出"分类汇总"对话框，在"分类字段"下拉列表框中选择"院系"选项，在"汇总方式"下拉列表框中选择"求和"选项，在"选定汇总项"列表框中选中"工作量"复选框，如图 4-40 所示。

（4）单击"确定"按钮，创建分类汇总，如图 4-41 所示。

图 4-40　"分类汇总"对话框

图 4-41　简单分类汇总结果

（5）单击窗口编辑区域左侧的 ①按钮，显示一级汇总数据，如图 4-42 所示。

	A	B	C	D	E	F	G
1				教师工作量核算表			
2	序号	姓名	性别	年龄	职称	院系	工作量
18						总计	3357.9

图 4-42　查看一级汇总

（6）单击窗口编辑区域左侧的②按钮，显示二级汇总数据，如图 4-43 所示。

1 2 3		A	B	C	D	E	F	G
	1				教师工作量核算表			
	2	序号	姓名	性别	年龄	职称	院系	工作量
	7						计算机 汇总	823.7
	12						体育 汇总	1102
	17						外语 汇总	1432.2
	18						总计	3357.9

图 4-43　查看二级汇总

提示

使用"分类汇总"功能时，一定要先按分类字段对数据清单进行排序。

5. 嵌套分类汇总

（1）打开工作表"教师工作量核算表.xlsx"，将数据首先按"院系"排序，院系相同的按"性别"排序。

（2）打开"分类汇总"对话框，在"分类字段"下拉列表框中选择"院系"选项，在"汇总方式"下拉列表框中选择"求和"选项，在"选定汇总项"列表框中选中"工作量"复选框，单击"确定"按钮，得到汇总结果。

（3）再次打开"分类汇总"对话框，在"分类字段"下拉列表框中选择"性别"选项，在"汇总方式"下拉列表框中选择"计数"选项，并取消选择"替换当前分类汇总"复选框，单击"确定"按钮，再次分类汇总后的效果如图 4-44 所示。

1 2 3 4		A	B	C	D	E	F	G
	1				教师工作量核算表			
	2	序号	姓名	性别	年龄	职称	院系	工作量
	3	12	李海	男	33	讲师	计算机	394.8
	4			男 计数				1
	5	2	岳晓燕	女	36	副教授	计算机	90.3
	6	7	薛宝春	女	28	助教	计算机	328.6
	7	9	陈琳	女	45	教授	计算机	10
	8			女 计数				3
	9						计算机 汇总	823.7
	10	3	林海	男	25	助教	体育	10
	11	10	达志兵	男	35	副教授	体育	478.2
	12	11	黄光闰	男	52	教授	体育	603.8
	13			男 计数				3
	14	1	赵春梅	女	30	讲师	体育	10
	15			女 计数				1
	16						体育 汇总	1102
	17	5	王立新	男	46	副教授	外语	424.8
	18	6	刘成	男	51	教授	外语	603
	19	8	孙大海	男	27	助教	外语	220.8
	20			男 计数				3
	21	4	李立	女	42	教授	外语	183.6
	22			女 计数				1
	23						外语 汇总	1432.2
	24			总计数				12
	25						总计	3357.9

图 4-44　嵌套分类汇总结果

提示

选中任意汇总单元格，然后单击"数据"选项卡 | "分级显示"组 | "分类汇总"按钮，在弹出的"分类汇总"对话框中单击"全部删除"按钮，即可删除分类汇总。

6. 数据透视表

（1）打开工作表"教师工作量核算表.xlsx"，选中数据区域中任意单元格。

（2）单击"插入"选项卡|"表格"组|"数据透视表"按钮，弹出"创建数据透视表"对话框，如图 4-45 所示。

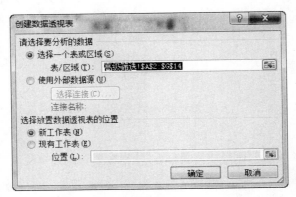

图 4-45　创建数据透视表

（3）在"表/区域"文本框中输入建立数据透视表的数据区域引用，或单击文本框右侧的"选择区域"按钮，在工作表中选择数据源区域。从图 4-45 弹出的对话框看，它已确定出了要用哪些数据区域来创建数据透视表，此处不用修改。

（4）在"选择放置数据透视表的位置"选项区中"新工作表"单选按钮是选中状态，表示在创建数据透视表的同时创建新工作表；若选中"现有工作表"单选按钮，可在所选位置创建数据透视表。此处保持默认设置。

（5）单击"确定"按钮，新工作表中将显示"数据透视表字段列表"任务窗格，如图 4-46 所示。

（6）将"选择要添加到报表的字段"列表中的"职称"选项拖动到"列标签"中。用同样的方法，将"院系"和"性别"选项拖动到"行标签"选项区中，将"序号"选项拖动到"数值"选项区中，如图 4-47 所示。

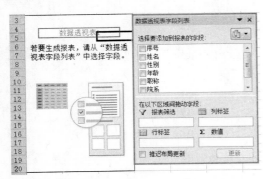

图 4-46　"数据透视表字段列表"任务窗格

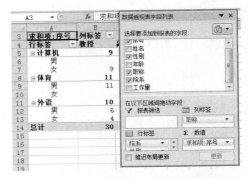

图 4-47　拖动鼠标在不同区域添加字段

（7）单击"数据透视表字段列表"任务窗格的"数值"选项区中"求和项：序号"选项右侧的下拉按钮，在弹出的快捷菜单中选择"值字段设置"选项，如图 4-48 所示，打开"值字段设置"对话框，在"选择用于汇总所选字段数据的计算类型"列表框中选择"计数"选项，如图 4-49 所示。

图 4-48　"求和项：序号"下拉菜单

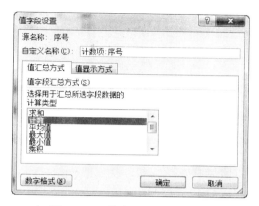

图 4-49　"值字段设置"对话框

 提示

在默认情况下，数据区的汇总字段如果是数值型则对其求和，否则对其计数。此处"序号"字段为数值型，因此还需修改其汇总方式。

（8）单击"确定"按钮，此时的数据透视表效果如图 4-50 所示。

（9）在该数据透视表中选择任意单元格，单击"设计"选项卡|"布局"组|"报表布局"下拉按钮，在弹出的下拉菜单中选择"以表格形式显示"选项。此时，改变布局后的数据透视表效果如图 4-51 所示。

图 4-50　数据透视表结果 1

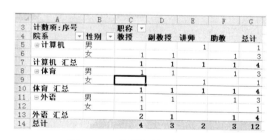

图 4-51　数据透视表结果 2

4.4　图表创建及修饰

4.4.1　实验目的

（1）了解 Excel 的图表类型和图表功能；

（2）掌握图表的创建与格式化；

（3）理解图表的基本组成及一些选项的作用。

4.4.2　实验说明

创建如图 4-52 所示的“世界汽车产量表”电子表格，根据使用场合的不同将该表格数据转换成柱形图、饼图、折线图等类型的统计图表。

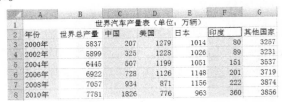

	A	B	C	D	E	F	G
1	世界汽车产量表（单位：万辆）						
2	年份	世界总产量	中国	美国	日本	印度	其他国家
3	2000年	5837	207	1279	1014	80	3257
4	2002年	5899	325	1228	1026	89	3231
5	2004年	6445	507	1199	1051	151	3537
6	2006年	6922	728	1126	1148	201	3719
7	2008年	7057	934	871	1156	222	3874
8	2010年	7781	1826	776	963	360	3856

图 4-52　世界汽车产量表

4.4.3　实验内容

1. 应用柱形图

1）创建柱形图

（1）参照图 4-52 创建电子表格，并以文件名“世界汽车产量表.xlsx”保存。

（2）按住 Ctrl 键的同时在工作表中选中要创建图表的不连续区域（A2:A8，C2:D8 和 F2:F8），如图 4-53 所示。

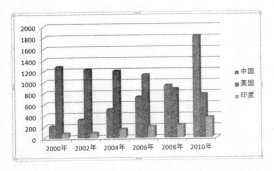

	A	B	C	D	E	F	G
1	世界汽车产量表（单位：万辆）						
2	年份	世界总产量	中国	美国	日本	印度	其他国家
3	2000年	5837	207	1279	1014	80	3257
4	2002年	5899	325	1228	1026	89	3231
5	2004年	6445	507	1199	1051	151	3537
6	2006年	6922	728	1126	1148	201	3719
7	2008年	7057	934	871	1156	222	3874
8	2010年	7781	1826	776	963	360	3856

图 4-53　选择不连续数据区域

图 4-54　创建的柱形图表

（3）单击“插入”选项卡|“图表”组|“柱形图”下拉按钮，在弹出的下拉菜单中选择“三维簇状柱形图”选项，在工作表中插入图表，如图 4-54 所示。

提示

柱形图用来显示一段时期内数据的变化或者描述各项之间的比较，能有效地显示随时间变化的数量关系。柱形图从左到右的顺序表示时间的变化，柱形的高度表示每个时期内的数值。

2）向图表添加数据系列

（1）选中要添加的数据区域 E2:E8，G2:G8（日本和其他国家两项数据）。

（2）按 Ctrl+C 组合键，复制数据。

（3）单击图表，按 Ctrl+V 组合键，将数据粘贴到图表中，效果如图 4-55 所示。

3）删除图表数据系列

（1）在图表中单击要删除的数据序列"其他国家"（图 4-56），或者单击"布局"或"格式"选项卡|"当前所选内容"组|"图表元素"下拉菜单框右侧的下拉按钮，在弹出的下拉菜单中选择要删除的"系列'其他国家'"，如图 4-57 所示。

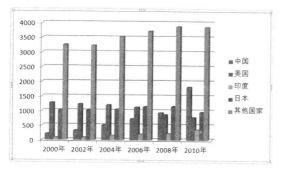

图 4-55 添加新数据后的图表

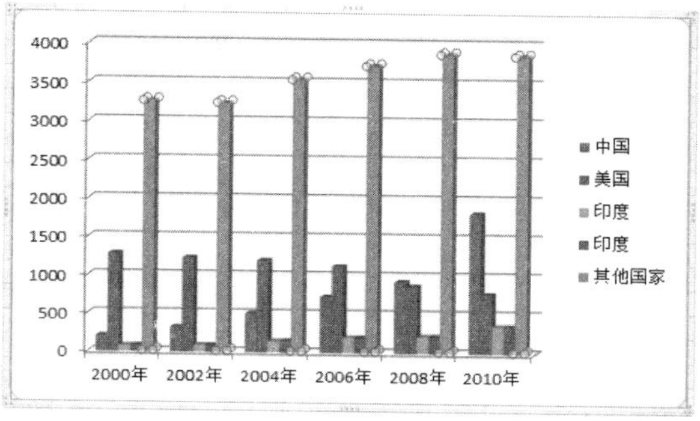

图 4-56 选中数据系列

（2）按 Delete 键将其删除。

4）调整数据系列次序

图表中数据系列的顺序与工作表中对应数据的顺序相一致看起来会比较方便，但新添加的数据系列一般会放在最后，需要进行位置上的调整。

（1）在图表中的"日本"数据系列上右击，在弹出的快捷菜单中选择"选择数据"命令，如图 4-58 所示。

（2）弹出"选择数据源"对话框，选择要移动的数据"日本"项，如图 4-59 所示，单击"上移"按钮或"下移"按钮，向上或向下移动数据，将"日本"项移动到"美国"数据项的下方。

（3）单击"确定"按钮即可完成数据系列次序的调整。

图 4-57 图表元素

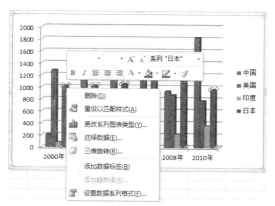

图 4-58 选择"选择数据"选项

图 4-59 "选择数据源"对话框

5）添加图表标题

（1）选中图表，单击"布局"选项卡|"标签"组|"图表标题"下拉按钮，在弹出的下拉菜单中选择"图表上方"选项，如图 4-60 所示。

（2）此时，图表的上方插入一个文本框，从中输入图表标题，并进行字体设置即可，如图 4-61 所示。

图 4-60　"图表标题"下拉菜单

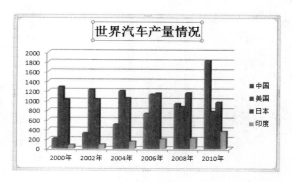

图 4-61　输入图表标题

6）调整图例位置

（1）右击图表中的图例，从弹出的快捷菜单中选择"设置图例格式"命令。

（2）弹出"设置图例格式"对话框，在右侧的"图例位置"选项区中选中"底部"单选按钮。

（3）单击"关闭"按钮后，图例位置改变到图表正下方。

7）为图表添加文本注释

（1）选中图表，单击"插入"选项卡|"文本"组|"文本框"按钮下方的下拉按钮，在弹出的下拉菜单中选择"横排文本框"选项。

（2）此时的鼠标指针呈↓形状，在图表中拖动鼠标，插入文本框。

（3）在文本框中输入解释文本"单位：万辆"，如图 4-62 所示，然后在图表任意位置单击即可。

8）切换图表行和列

若创建的图表数据对比或趋势并不容易观察，可切换行和列，以便更好地对比数据，操作方法如下：选中图表，单击"设计"选项卡|"数据"组|"切换行/列"按钮即可，切换后效果如图 4-63 所示。

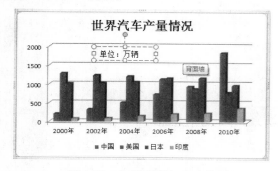

图 4-62　为图表添加文本注释

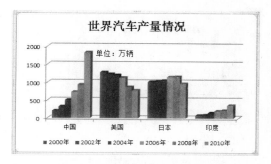

图 4-63　"切换行/列"后效果

2. 应用饼图

1）创建饼图

（1）选择图表数据源（C2:G2，C8:G8）区域。

（2）单击"插入"选项卡|"图表"组|"饼图"下拉按钮，在弹出的下拉面板中选择"三维饼图"选项，在工作表中插入图表。

2）调整图表布局

（1）选中图表，单击"设计"选项卡|"图表布局"组|"布局 1"。

（2）修改图表标题为"2010 年世界汽车产量比例图"，效果如图 4-64 所示。

3）切割饼图

（1）单击"2010 年世界汽车产量比例图"饼图，选中整个饼图。

（2）单击"中国 23%"数据标记的扇形图，选中该扇形图。

（3）向外拖动该扇形图，观察该扇形图从饼图中分离出来，如图 4-65 所示。

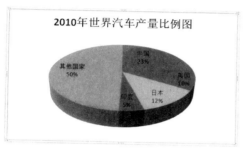
图 4-64　2010 年世界汽车产量比例图

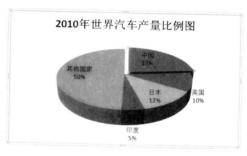
图 4-65　扇形图从饼图中分离

 提示

饼图是将某个数据系列视为一个整体，其中每一项数据标记用扇形图表示该数值占整个系列数值总和的比例，直观地显示出整体与局部的比例关系。它一般只显示一个数据系列，在需要突出某个重要数据项时十分有用。

3. 应用折线图

（1）选中图表数据源（A2:A8，C2:C8，F2:F8）区域。

（2）单击"插入"选项卡|"图表"组|"折线图"下拉按钮，在弹出的下拉菜单中选择"带数据标记的折线图"选项，完成折线图的创建，效果如图 4-66 所示。

 提示

折线图以等间隔显示数据的变化趋势，可用于显示随着时间变化的趋势。

4. 不同类型图表搭配

（1）选中图表数据源（A2:A8，C2:D8）区域，插入"二维簇状柱形图"。

（2）在图表中的"美国"数据序列上右击，在弹出的快捷菜单中选择"更改系列图表类型"选项，如图 4-67 所示。

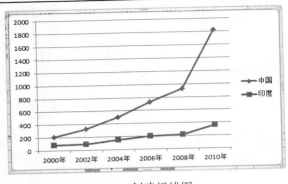

图 4-66　创建折线图　　　　　　　　图 4-67　更改系列图表类型

（3）弹出"更改图表类型"对话框，在左侧列表中选择"折线图"选项，在右侧"折线图"选项区中选中"带数据标记的折线图"选项，如图 4-68 所示。

（4）单击"确定"按钮，应用该图表类型，效果如图 4-69 所示。

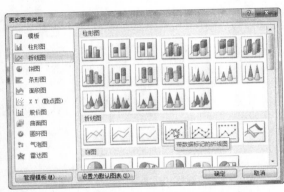

图 4-68　"更改图表类型"对话框　　　　图 4-69　不同类型图表搭配效果

 提示

在一个图表中使用两种或者两种以上的类型，可以更好地表达自己的观点，使表格内容一目了然。使用不同的图表类型是针对不同的数据系列而言的，因此在具体操作时，应注意选择恰当的数据系列进行图表类型修改。

第 5 章　PowerPoint 2010 演示文稿

5.1　演示文稿的创建和文本编辑

5.1.1　实验目的

（1）掌握 PowerPoint 2010 演示文稿的创建、保存及打开方法；

（2）掌握 PowerPoint 2010 的幻灯片版式、主题和背景设计；

（3）掌握 PowerPoint 2010 的幻灯片文本内容的输入和编辑；

（4）掌握 PowerPoint 2010 的视图方式及其切换方法。

5.1.2　实验说明

制作题为"我的大学，我的梦"的演示文稿，宣传学校的历史文化和校风、校纪，具体要求如下：

（1）演示文稿的建立和保存：新建演示文稿，保存在"D:\My Documents"中，文件名为"我的大学，我的梦.pptx"。

（2）设计演示文稿的主题背景：为演示文稿选择背景主题"新闻纸"。

（3）在演示文稿的首页幻灯片中输入演示文稿标题"我的大学，我的梦"，副标题"河南师范大学新生入学教育宣传"，分别设置字体为"微软雅黑"，字号分别为 72 和 32。格式设置效果如图 5-1 所示。

（4）在演示文稿中新建幻灯片，插入横排文本框，输入标题"学校简介"，设置字体为"微软雅黑"，字号为 40，字符颜色为"灰色–80%，文字 2，淡色 90%"。打开素材"文本资料.docx" Word 文档，将其中第 1 段文本内容复制并粘贴到幻灯片中。格式设置效果如图 5-2 所示。

图 5-1　演示文稿封面页

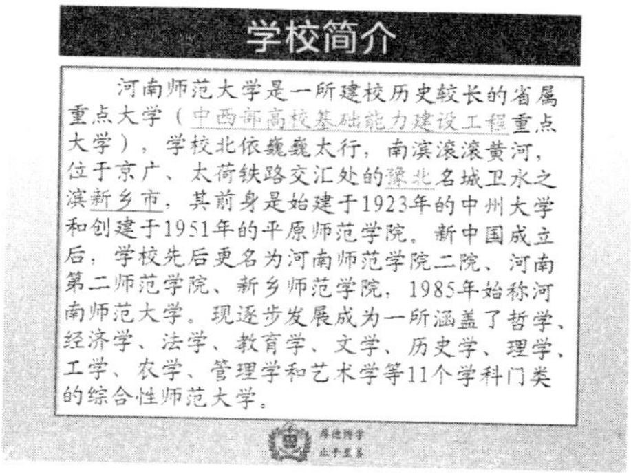

图 5-2　演示文稿内容页 1

①设置字体为"楷体"、字号为 28 号。

②为此段文字设置首行缩进，度量值设置为"2厘米"。

③设置行距选择"固定值"，设定值为33磅。

④设置中文版式为"按中文习惯控制首尾字符"、"允许标点溢出边界"。

⑤设置重点词汇"中西部高校基础能力建设工程"、"豫北"、"新乡市"的颜色为"深红"，并设置字符下划线。

⑥选中占位符，设置其格式为"彩色轮廓-深红 强调颜色1"，形状效果为"柔光边缘5磅"、"棱台 柔圆"。

（5）在演示文稿中新建2张幻灯片，分别插入横排文本框，输入标题"学校校训"、"学校校风"，设置字体为"微软雅黑"，字号为40，字符颜色为"灰色–80%，文字2，淡色90%"。打开素材"文本资料.docx"Word文档，将其中第2段、第3段文本内容分别复制并粘贴到2张幻灯片中。格式设置效果如图5-3、图5-4所示。

图 5-3　演示文稿内容页 2　　　　　　　图 5-4　演示文稿内容页 3

①分别添加内容标题"厚德博学 止于至善"、"明德、正学、倡和、出新"，设置字体为"宋体"，字号为28，字体加粗。正文部分设置字体为"楷体"，字号为20。

②在两张幻灯片中，根据内容分别将文本分为三段、四段，每段文字设置首行缩进，度量值设置为"2厘米"。

③在两张幻灯片中，选中文本，段首标题文字设置为"加粗"，设置项目符号为"钻石型项目符号"。

④选中占位符，设置其格式为"彩色轮廓-深红 强调颜色1"，形状效果为"柔光边缘 5磅"、"棱台 柔圆"。

5.1.3　实验内容

1. 演示文稿的建立与保存

1）新建 PowerPoint 演示文稿

PowerPoint 2010 演示文稿的创建方法有多种，比较常用的有：

（1）启动 PowerPoint 2010，系统将自动新建一个空白演示文稿。

（2）启动 PowerPoint 2010，单击标题栏中的"开始"选项卡|"幻灯片"组|"新建幻灯片"按钮，系统将创建一个空白演示文稿。

（3）选择"文件"|"新建"命令，打开"可用的模板和主题"任务窗格，根据所要创建的演示文稿具体需求，选择模板或主题创建新的演示文稿，如图 5-5 所示。

图 5-5　"可用的模板和主题"任务窗格

2）保存新建的演示文稿

选择"文件"|"另存为"命令，打开"另存为"对话框，选择"保存位置"为"D:\My Documents"，在对话框的"文件名"文本框中输入要保存的文件名"我的大学，我的梦"，在"保存类型"下拉列表中选择"PowerPoint 演示文稿(*.pptx)"，单击"保存"按钮，完成新演示文稿的保存操作。

 提示

用户也可以根据现有演示文稿或设计主题创建演示文稿。设计主题是预先设计好的演示文稿的样式、风格，单击"设计"选项卡，在"主题"组根据需要进行选择即可。

如果需要将 PowerPoint 2010 创建的演示文稿保存为早期版本，则需在"另存为"对话框的"保存类型"下拉列表中选择"PowerPoint 97-2003 演示文稿(*.ppt)"，单击"保存"按钮即可。

2. 演示文稿幻灯片的版式、主题和背景设计

1）应用演示文稿幻灯片版式

幻灯片版式指的是幻灯片上的排列方式，决定了幻灯片的整体布局，如标题、副标题和图片等的位置，通过幻灯片版式提供的占位符，可以方便快捷地输入文本或插入其他对象。

PowerPoint 2010 提供了多种版式，单击"开始"选项卡|"幻灯片"组|"新建幻灯片"下拉按钮打开版式下拉列表，如图 5-6 所示。如果觉得系统给出的版式都不符合要求，则可以选择空白版式，这样就可以不受版式限制了。

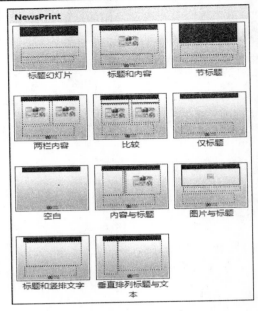

图 5-6　幻灯片版式

 提示

　　在幻灯片中，占位符是带有虚线边框的矩形框，是绝大多数幻灯片版式的重要组成部分，在占位符中可以输入标题和正文，也可以插入其他对象，如图片、图表和表格等。

　　2）应用演示文稿幻灯片主题

　　主题是一个 XML 文件或内置于演示文稿模板中的 XML 代码片段，其中包括对演示文稿中的字体、字体颜色、背景和项目符号等的设置，通过应用主题可以快速地格式化幻灯片，从而使演示文稿具有统一的风格。打开"设计"选项卡，利用"主题"组中的下拉列表框可以快速选定所需主题，如图 5-7 所示。

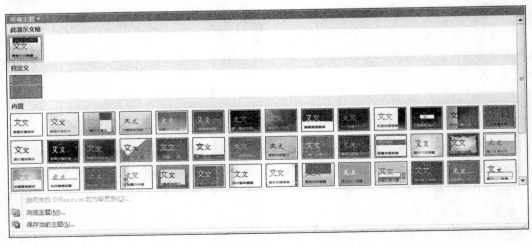

图 5-7　"设计"选项卡的"主题"组

（1）打开"我的大学，我的梦"演示文稿。

（2）单击"设计"选项卡|"主题"组|"主题"下拉按钮，在下拉列表框内选择"新闻纸"主题。

 提示

幻灯片图片背景设置可单击"设计"选项卡|"背景"组|"背景样式"下拉按钮，在下拉列表中选择"设置背景格式"命令，打开如图 5-8 所示的"设置背景格式"对话框进行背景颜色的设置，其中包括纯色和渐变色设置。若需要设置背景图片，则选中"图片或纹理填充"单选按钮，然后单击"插入自"|"文件"按钮可以打开图 5-9 所示的"插入图片"对话框。选择合适的图片，单击"插入"按钮，即可为演示文稿的幻灯片设置图片背景。

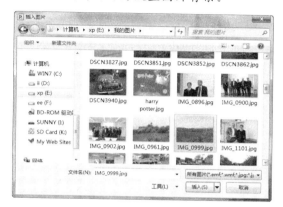

图 5-8　"设置背景格式"对话框　　　　　　图 5-9　"插入图片"对话框

3. 幻灯片文本内容的输入与编辑

在幻灯片中可以包含很多种媒体元素，如文字、图片、图形、图表、声音、视频、动画等。其中文本是最基本的媒体类型。这里以"我的大学，我的梦"为具体实例，对文本的输入与编辑进行介绍。

（1）打开"我的大学，我的梦"演示文稿，选定首张幻灯片，单击"开始"选项卡|"幻灯片"组|"版式"下拉按钮，在下拉列表中选择"标题幻灯片"版式，将其设置为首张幻灯片的版式。然后将光标定位到幻灯片中的"标题"占位符处，输入"我的大学，我的梦"，设置为"微软雅黑"，字号为 72；将光标定位到"副标题"占位符处，输入"河南师范大学新生入学教育宣传"，设置为"微软雅黑"，字号为 32。幻灯片中关于文字的字体、字号、颜色等的设置方法与 Word 类似。

 提示

其中部分红色矩形块的高度不符合作品的要求，可以单击"视图"选项卡|"母版视图"组|"幻灯片母版"按钮切换到"幻灯片母版"视图，对版式进行调整。选中"NewsPrint 幻灯片母版"，将红色矩形块高度调整为 2.12 厘米；选中"标题幻灯片版式"，将红色矩形块高度调整为 4.32 厘米。最后单击状态栏上的"普通视图"按钮关闭"幻灯片母版视图"。

（2）单击"开始"选项卡|"幻灯片"组|"新建幻灯片"下拉按钮，选择下拉列表中的"空白"版式，新建一张空白幻灯片。

（3）单击"插入"选项卡|"文本"组|"文本框"下拉按钮，选择下拉列表中的"横排文本框"选项，然后在幻灯片中的适当位置拖动画出一个文本框，输入"学校简介"，设置字体为"微软雅黑"，字号为40，字符颜色为"灰色–80%，文字2，淡色90%"。

（4）单击"插入"选项卡|"文本"组|"文本框"下拉按钮，选择下拉列表框中的"横排文本框"选项，然后在幻灯片中的适当位置拖动画出一个文本框。

（5）打开素材"文本资料.docx"Word文档，复制其第1段文本内容；然后返回演示文稿编辑状态，将光标定位到新建的文本框中，单击"开始"选项卡|"剪贴板"组|"粘贴"下拉按钮，选择下拉列表中"选择性粘贴"选项，在其窗口中选择"无格式文本"选项，将文本内容粘贴到幻灯片中。

（6）选中新增加的文本内容，设置字体为"楷体"，字号为28；右击新增的文本，在弹出的快捷菜单中选择"段落"命令，打开"段落"对话框，为此段文字设置首行缩进，设置度量值为"2厘米"，行距为"固定值"，设置值为"33磅"，如图5-10所示。设置中文版式为"按中文习惯控制首尾字符"、"允许标点溢出边界"，如图5-11所示。

图 5-10 "缩进和间距"设置

图 5-11 "中文版式"设置

（7）在"开始"选项卡|"字体"组中设置重点词汇"中西部高校基础能力建设工程"、"豫北"、"新乡市"的颜色为"深红"，并设置字符下划线。

（8）选中文本框，单击"格式"选项卡|"形状样式"组，设置文本框格式为"彩色轮廓-深红 强调颜色1"，形状效果为"柔光边缘 5磅"、"棱台 柔圆"。

（9）单击"开始"选项卡|"幻灯片"组|"新建幻灯片"下拉按钮，选择下拉列表中的"空白"版式，新建两张空白幻灯片。按照步骤（2）中所示的方法，导入第 3、第 4 张幻灯片的文本内容，进行相应排版。单击"开始"选项卡|"段落"组|"项目符号"下拉按钮，选择下拉列表中的"钻石形项目符号"选项，为每段文本添加项目符号。

 提示

"项目符号"可以选择 PowerPoint 2010 提供的类型，也可以通过"项目符号和编号"对话框自行选择颜色和类型。单击"开始"选项卡|"段落"组|"项目符号"下拉按钮，在下拉列表中的选择"项目符号和编号"选项，如图 5-12 所示；在打开的"项目符号和编号"对话框（图 5-13）中选择"颜色"下拉按钮可改变项目符号的颜色，选择"图片"或"自定义"按钮可以设置自己需要的项目符号类型。

图 5-12　"项目符号"下拉列表

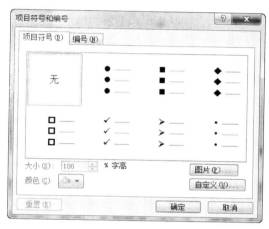

图 5-13　"项目符号和编号"对话框

4. 演示文稿的常用视图

为了便于以不同方式查看演示文稿幻灯片的内容和效果，PowerPoint 提供了四种视图方式：普通视图、幻灯片浏览视图、备注页视图和幻灯片放映视图，可以在"视图"选项卡|"演示文稿视图"组中切换不同的视图，也可以利用工作窗口右下角的视图按钮进行切换。各种视图的特点和应用如表 5-1 所示。

表 5-1　演示文稿常用视图

视图方式	特　点
普通视图	系统默认的视图方式，用于撰写或设计演示文稿
幻灯片浏览视图	以缩略图的形式显示演示文稿，便于幻灯片的添加、删除或移动
备注页视图	以整页格式查看和使用备注
幻灯片放映视图	播放演示文稿模式，按 Esc 键结束放映

5. 幻灯片的基本操作

在演示文稿制作过程中，幻灯片的添加、选定、移动、复制和隐藏等操作是必不可少的，表 5-2 列出了相关的一些操作方法。

表 5-2　幻灯片基本操作

类型	操 作 方 法
添加	①单击"开始"选项卡|"幻灯片"组|"新建幻灯片"按钮 ②在普通视图的"大纲"或"幻灯片"窗格中右击鼠标，选择快捷菜单中的"新建幻灯片"命令 ③按 Ctrl+M 组合键
选定	①单张幻灯片：单击即可选定 ②连续的多张幻灯片：单击开始幻灯片，按下 Shift 键单击结束幻灯片 ③不连续的多张幻灯片：单击开始幻灯片，按下 Ctrl 键单击结束幻灯片
移动	"剪切"后"粘贴"或直接用鼠标拖动
复制	单击"开始"选项卡|"剪贴板"组|"复制"按钮或选择快捷菜单"复制"命令
删除	单击"开始"选项卡|"幻灯片"组|"删除"按钮或选择快捷菜单"删除"命令
隐藏	选定要隐藏的幻灯片，单击"幻灯片放映"选项卡|"设置"组|"隐藏幻灯片"按钮

5.2　多媒体素材的应用

5.2.1　实验目的

（1）掌握演示文稿中图片的插入及相关设置；

（2）掌握演示文稿中音频的插入及相关设置；

（3）掌握演示文稿中视频的插入及相关设置；

（4）掌握演示文稿中表格的插入及相关设置；

（5）掌握演示文稿中图表的插入及相关设置。

5.2.2　实验说明

打开"D:\My Documents"中的"我的大学，我的梦.pptx"演示文稿，在原有基础上继续添加制作如图 5-14～图 5-17 所示的幻灯片。

图 5-14　演示文稿内容页 1

图 5-15　演示文稿内容页 2

（1）新建第 5 张幻灯片。打开素材"文本资料.docx"Word 文档，复制"河南师范大学校歌"，在第 5 张幻灯片中插入文本框，粘贴复制的文本内容并进行排版。

（2）打开"多媒体素材"文件夹，将图片"音符 1"、"音符 2"、"校园风景"插入到幻灯片中并按图 5-14 所示格式排版。

（3）将"多媒体素材"文件夹中的"河南师范大学校歌.mp3"文件插入到第 5 张幻灯片，并设置其格式。

（4）新建第 6 张幻灯片。打开"多媒体素材"文件夹，将视频文件"河南师范大学.wmv"插入到第 6 张幻灯片中。

（5）新建第 7 张幻灯片，单击"插入"选项卡|"表格"组，插入如图 5-16 所示表格。

（6）新建第 8 张幻灯片，单击"插入"选项卡|"插图"组|"图表"按钮，插入如图 5-17 所示图表。

图 5-16　演示文稿内容页 3

图 5-17　演示文稿内容页 4

5.2.3　实验内容

1. 演示文稿中图片的插入及相关设置

打开"D:\My Documents"中的"我的大学，我的梦.pptx"演示文稿，在原来工作的基础上进行以下操作。

（1）新建第 5 张幻灯片，打开素材"文本资料.docx"Word 文档，复制"河南师范大学校歌"文字内容，根据图 5-15 所示格式进行文本编排。

（2）单击"插入"选项卡|"图像"组|"图片"按钮，打开"插入图片"对话框，选择"音符 1"图片，拖动句柄调整图片至合适的大小。

（3）单击"图片工具"|"格式"选项卡|"调整"组|"颜色"下拉按钮，在下拉列表中选择"设置透明色"选项，出现 图标时，在"音符 1"图片上的背景处单击，设置图片透明色。图片调整工具如图 5-18 所示。

（4）右击图片，在打开的快捷菜单中选择"置于底层"|"置于底层"命令，使"音符 1"图片置于底层。

（5）单击"插入"选项卡|"图像"组|"图片"按钮，打开"插入图片"对话框，选择"素材"文件夹中的"音符 2"图片。插入到"校歌"文本框中，调整其大小并设置背景色为透明色。

图 5-18　图片格式调整工具

（6）单击"插入"选项卡|"图像"组|"图片"按钮，打开"插入图片"对话框，选择将"校园风光"图片插入当前幻灯片。选中新增加的图片，单击"图片工具"|"格式"选项卡|"图片样式"组|"外观样式"下拉列表中的"金属框架"样式效果。

2. 演示文稿中音频的插入及相关设置

（1）打开"我的大学，我的梦.pptx"演示文稿，切换至第 5 张幻灯片，单击"插入"选项卡|"媒体"组|"音频"下拉按钮，在下拉列表中选择"文件中的音频"命令，打开如图 5-19 所示的"插入音频"对话框。

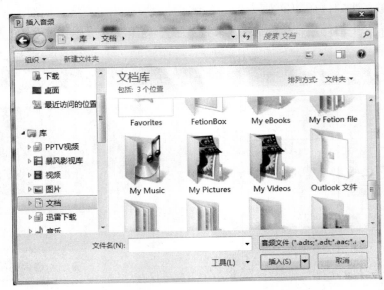

图 5-19 "插入音频"对话框

（2）在对话框中选择素材文件夹中的"河南师范大学校歌.mp3"文件，单击"插入"按钮，将音频文件插入到当前幻灯片中。若音频文件插入成功，幻灯片中将出现"声音"图标 。

（3）选中"声音"图标 ，选择"音频工具"|"格式"选项卡，在"图片样式"组中选择"棱台型椭圆"选项，美化音频图标。

（4）选中"声音"图标 ，选择"音频工具"|"播放"选项卡，如图 5-20 所示，在"编辑"组中设置淡入、淡出时间分别为 00:25 秒；在"音频选项"组中设置音频播放开始为"单击时"，并选中"循环播放，直到停止"复选框。

图 5-20 "编辑"及"音频选项"组

 提示

选中"声音"图标 ，然后单击"动画"选项卡|"动画"组|"显示其他效果选项"按钮 ，打开如图 5-21 所示的"播放音频"对话框，在其中可分别对音频的"效果"、"计时"、"音频设置"等进行设置。

图 5-21　"播放音频"对话框

3. 演示文稿中视频的插入及相关设置

（1）在"我的大学，我的梦.pptx"演示文稿中新建第 6 张幻灯片，然后单击"插入"选项卡|"媒体"组|"视频"下拉按钮，选择下拉列表中的"文件中的视频"选项，打开"插入视频"对话框，在素材文件夹中选择插入"河南师范大学.wmv"到第 6 张幻灯片。

（2）单击"视频工具"|"格式"选项卡，在"视频样式"组选择"中等复杂框架，黑色"视频样式。

（3）单击"视频工具"|"播放"选项卡，在"视频选项"组的"开始："下拉列表框中选择"单击时"；然后选中"播完返回开头"复选框。

 提示

插入视频文件时，PowerPoint 会创建一个指向影片文件当前位置的链接，而视频文件的内容并没有添加到幻灯片中。如果之后将该影片文件移动到其他位置，播放时 PowerPoint 将找不到文件。因此，向演示文稿添加影片之前，应先将影片复制到演示文稿所在的文件夹。

4. 演示文稿中表格的插入及相关设置

（1）在"我的大学，我的梦.pptx"演示文稿中新建第 7 张幻灯片，单击"插入"选项卡|"表格"组|"表格"下拉按钮，在下拉列表中选择"插入表格"命令，打开如图 5-22 所示的"插入表格"对话框。

（2）在"插入表格"对话框输入列数：4，行数：13，单击"确定"按钮，在幻灯片中插入表格。

（3）单击"设计"选项卡，在"表格样式"组中选择"无样式，网格型"。

图 5-22　"插入表格"对话框

（4）单击"布局"选项卡，利用如图 5-23 和 5-24 所示的"合并"组及"对齐方式"组对所插入的表格及输入的文本进行格式化排版。

图 5-23　表格"合并"组　　　　　图 5-24　表格"对齐方式"组

 提示

除了利用"设计"和"布局"选项卡设置幻灯片中的表格格式外，还可以在幻灯片中右击表格，打开相关快捷菜单，选择其中的菜单命令进行格式设置。

5. 演示文稿中图表的插入及相关设置

（1）在"我的大学，我的梦.pptx"演示文稿中新建第 8 张幻灯片，单击"插入"选项卡|"插图"组|"图表"按钮，打开"插入图表"对话框，如图 5-25 所示。

（2）在"插入图表"对话框左边窗格中选择"饼图"选项，然后在右边窗格中饼图区选择第一个饼图样式。单击"确定"按钮，系统将打开一个如图 5-26 所示的 Excel 数据输入窗口。

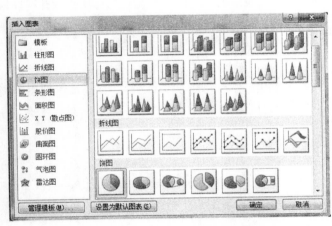

图 5-25　"插入图表"对话框　　　　　图 5-26　"插入图表"数据表

（3）在打开的 Excel 窗口中输入如图 5-26 所示的统计数据，演示文稿幻灯片中的图表编辑区也将发生相应的变化，数据输入完毕，关闭数据输入窗口；将图表标题由"招生人数"更改为"各专业招生人数汇总比例"。

（4）选中添加的图表，单击"设计"选项卡|"图表样式"组|"样式 10"选项。

（5）单击"布局"选项卡|"标签"组|"图例"下拉按钮，选择下拉列表中的"在底部显示图例"选项。

（6）单击"格式"选项卡|"形状样式"组|"形状填充"下拉按钮，选择下拉列表中的"渐变"|"线性向上"选项；选中图例区，在"形状样式"组|"形状填充"下拉列表中选择白色，形状效果选择"发光"选项。

5.3　演示文稿播放效果的设置

5.3.1　实验目的

（1）掌握幻灯片中超链接的应用与设置；

（2）掌握幻灯片对象动画效果的设置；

（3）掌握幻灯片播放切换效果的设置。

5.3.2　实验说明

在演示文稿制作过程中，为幻灯片添加超链接及动态效果，来控制幻灯片播放时幻灯片之间的链接关系及切换效果、幻灯片对象的动态效果，以达到突出重点信息、提高演示文稿趣味性的目的。

5.3.3　实验内容

本节仍然以"我的大学，我的梦.pptx"演示文稿为例，对演示文稿幻灯片播放效果进行设置。

1. 设置演示文稿超链接

超链接是指从幻灯片中的对象指向链接目标的链接关系，幻灯片中的对象称为链接源，可以是文字、图片、图形或文本框等。超链接的应用可实现幻灯片之间、当前演示文稿与其他演示文稿、当前演示文稿与其他文档或网页之间的切换。

（1）打开"我的大学，我的梦.pptx"演示文稿，在右侧的"大纲"窗格中的第 1、2 张幻灯片之间右击，选择快捷菜单中的"新建幻灯片"命令，在第 1、2 张幻灯片之间新建一张幻灯片。在新增的幻灯片顶端插入文本框，输入标题"目录页"，设置字体为"微软雅黑"，字号为 40，符颜色为"灰色–80%，文字 2，淡色 90%"。

（2）单击"插入"选项卡|"图像"组|"图片"按钮，打开"插入图片"对话框，将"多媒体素材"文件夹中的"校徽"图片添加到幻灯片中。

（3）选中插入的"校徽"图片，单击"格式"选项卡|"大小"组|裁剪"按钮，将"校徽"图片的文字部分裁剪掉，并调整其大小和位置。

（4）单击"插入"选项卡|"插图"组|"形状"下拉按钮，在下拉列表中选择"圆角矩形"选项，拖动鼠标在校徽右侧绘制合适大小的圆角矩形；单击"格式"选项卡|"形状样式"组|"形状样式"下拉按钮，在下拉列表中选择"浅色 1 轮廓，彩色填充-深红，强调颜色 1"选项。

（5）选中"校徽"图片，在按下 Ctrl 键的同时，选中所绘制的圆角矩形；右击两个对象中的一个，在打开的快捷菜单中选择"组合"|"组合"命令使两者为一个组合对象。

（6）选中组合过的对象，按下 Ctrl 键的同时，拖动组合对象复制出 5 个相同的组合对象。

（7）单击两次第一个组合对象的矩形框，然后右击圆角矩形框，选择快捷菜单中的"编辑文字"命令，在圆角矩形框中输入"学校简介"；重复进行类似操作在 6 个矩形框中分别输入目录文字，如图 5-27 所示。

图 5-27　"目录页"幻灯片

（8）在目录页中，单击两次第一个组合对象的圆角矩形框，右击"学校简介"矩形框，在快捷菜单中选择"超链接"命令，打开"插入超链接"对话框，如图 5-28 所示。

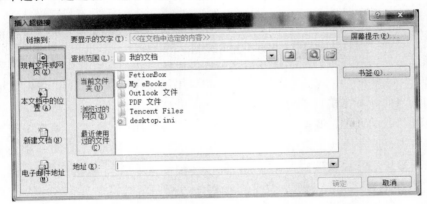

图 5-28　"插入超链接"对话框

（9）在"链接到"列表窗格中，选择"本文档中的位置"选项。在"请选择文档中的位置"列表窗格内，选择"幻灯片 3"选项。单击"确定"按钮，完成超链接的设置。

（10）重复进行类似操作为目录页其他标题及幻灯片之间设置超链接。

 提示

超链接设置好后，可以单击"幻灯片放映"选项卡|"开始放映幻灯片"组|"从当前幻灯片开始"按钮，进行效果查看。

使用超链接还可以将演示文稿对象链接到其他文档、网页或电子邮件上。在"插入超链接"对话框，选择"现有文件或网页"可以将演示文稿对象链接到现有文件或网页上；选择"电子邮件地址"可以将演示文稿对象链接到所需电子邮件上。

2. 设置幻灯片对象动画效果

文本、图形、声音、图像和图表等的动画效果应用于演示文稿幻灯片，可以使演示文稿达到突出重点或控制信息流程的目的，也可使幻灯片更加美观。

1）应用"动画"选项卡 |"动画"组设置动画

（1）选定第 6 张幻灯片，选中"学校校歌"文字。

（2）单击"动画"选项卡 |"动画"组 |"动画"下拉按钮，在下拉列表中选择"缩放"效果。

（3）选中"学校校歌"文本框，单击"动画"选项卡 |"动画"组 |"动画"下拉按钮，在下拉列表中选择"翻转式由远及近"效果，如图 5-29 所示。

图 5-29　"动画"组选项

 提示

对于文本内容，设置动画效果后，"动画"选项卡 |"动画"组中"效果选项"下拉按钮中有"作为一个对象"、"整体发送"、"按段落"三个选项，控制文本动画效果的范围。

2）应用"动画"选项卡 |"高级动画"组设置动画

（1）选定第 6 张幻灯片，选中"音符 1"图片。

（2）单击"动画"选项卡 |"高级动画"组 |"添加动画"下拉按钮（图 5-30），在下拉列表中选择"动作路径" |"自定义路径"选项，绘制如图 5-31 所示的动作路径。

图 5-30　"高级动画"组

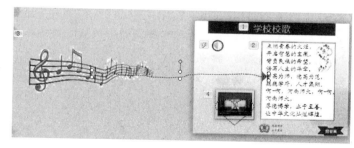

图 5-31　绘制自定义动作路径

（3）在"动画"选项卡 |"计时"组，设置"开始："为"上一动画之后"，持续时间为"03.00"秒。

（4）选中"校园风光"图片，单击"动画"选项卡 |"高级动画"组 |"添加动画"下拉按钮，在下拉列表中选择"其他动作路径"选项，打开"添加动作路径"对话框，选择"心形"选项。

3. 设置幻灯片切换效果

幻灯片切换效果是指在幻灯片放映过程中由一张幻灯片过渡到另一张幻灯片时所呈现的效果。打开"我的大学，我的梦.pptx"演示文稿，按以下步骤对幻灯片设置动画效果。

（1）选中第 1 张幻灯片，单击"切换"选项卡|"切换到此幻灯片"组|"切换效果"下拉按钮，在下拉列表中选择"推进"选项，如图 5-32 所示。

图 5-32　幻灯片切换

（2）选中第 2 张幻灯片，选择"切换到此幻灯片"组|"切换方案"下拉按钮，打开幻灯片"切换效果"下拉列表，选择"时钟"幻灯片切换效果，如图 5-33 所示。

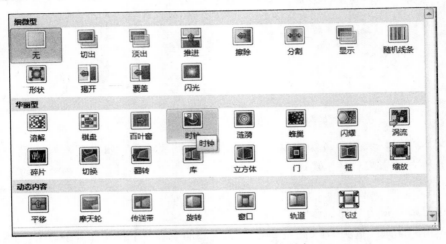

图 5-33　"切换效果"下拉列表

（3）在"切换"选项卡|"计时"组|"声音"下拉列表中选择幻灯片切换声音速度"风铃"。

（4）在"切换"选项卡|"计时"组|"换片方式"选项下有两种选择"在单击时"和"在此之后自动设置动画效果"，在此选择"在单击时"换片。

（5）单击"保存"按钮，对幻灯片切换效果设置进行保存。

　提示

以上设定只对当前幻灯片或选定幻灯片起作用，如果需要将此切换效果应用于整个演示文稿，则单击"切换"选项卡|"计时"组|"全部应用"按钮。

5.4　演示文稿放映效果的设置

5.4.1　实验目的

（1）掌握演示文稿放映效果的编辑与应用；

（2）掌握演示文稿放映的设置；

（3）掌握演示文稿的自定义放映。

5.4.2　实验说明

制作好演示文稿后，应根据不同场合设置适当的放映效果，使演示文稿放映过程结构清晰、节奏明快、过程流畅，以达到需要演示的目的。

5.4.3　实验内容

本节实验以"我的大学，我的梦.pptx"演示文稿为例，对演示文稿幻灯片放映效果编辑及其放映进行设置。

1. 排练计时及录制旁白

排练计时是通过预演每一张幻灯片的播放时间，从而形成对演示文稿放映计时的方案，通过排练计时可以精确地设计每一张幻灯片的持续时间；在放映过程中若需要对放映内容进行讲解的话就应该录制旁白，录制旁白需要计算机配备有相关的音频硬件设备。

1）排练计时

（1）打开"我的大学，我的梦.pptx"演示文稿，单击"幻灯片放映"选项卡|"设置"组|"排练计时"按钮。演示文稿切换到全屏模式，显示"预览"工具栏，对当前幻灯片预演进行计时。

（2）演示文稿播放完毕，系统将弹出如图 5-34 所示的提示对话框询问用户是否保存排练计时，在此单击"是"按钮进行保存计时。

（3）排练计时结束后，切换到幻灯片浏览视图，将在每一张幻灯片下方显示该幻灯片排练计时的放映时长。

2）录制旁白及幻灯片演示

（1）单击"幻灯片放映"选项卡|"设置"组|"录制幻灯片演示"下拉按钮，在下拉列表中选择"从头开始录制"选项，打开如图 5-35 所示的"录制幻灯片演示"对话框。

图 5-34　"保存排练计时"对话框

图 5-35　"录制幻灯片演示"对话框

（2）在"录制幻灯片演示"对话框中，选中"幻灯片和动画计时"及"旁白和激光笔"复选框，单击"开始录制"按钮。

（3）系统将切换到全屏模式，显示"录制"工具栏，开始对当前演示文稿预演并记录幻灯片的旁白和时间等信息。

2. 放映演示文稿

正式放映演示文稿前，应根据演示的内容或现场观众的多少对演示文稿放映进行设置，包括设置幻灯片的放映类型、放映范围和换片方式等，以使观众能够清晰地了解演示内容。PowerPoint 2010 提供了三种幻灯片的放映类型，分别是演讲者放映、观众自行浏览和在展台浏览，其中演讲者放映是 PowerPoint 2010 的默认放映方式。

（1）打开"我的大学，我的梦.pptx"演示文稿，单击"幻灯片放映"选项卡|"设置"组|"设置幻灯片放映"按钮，打开"设置放映方式"对话框，如图5-36所示。

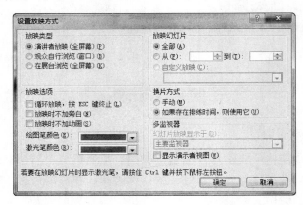

图5-36　"设置放映方式"对话框

（2）在"设置放映方式"对话框中的"放映类型"设置区选中"演讲者放映（全屏幕）"单选按钮。在"放映选项"设置区选中"循环放映，按ESC键终止"复选框，"绘图笔颜色"选择红色。

（3）在"放映幻灯片"设置区设置播放幻灯片的范围为：从"3"到"13"，选择"换片方式"为"手动"。

（4）单击"确定"按钮完成设置。

以上设置完成后，单击"幻灯片放映"选项卡|"开始放映幻灯片"|"从头开始"按钮，即可按指定方式进行播放。

 提示

PowerPoint 2010提供了多种屏幕画笔，在幻灯片放映过程中，使用画笔可以在幻灯片中标注，以便指出演示的重点或做补充说明。启动幻灯片放映后，右击屏幕，在快捷菜单中选择"指针选项"命令，选择准备应用的画笔，并"墨迹颜色"设置画笔的颜色，在屏幕上单击并拖动即可绘制所需的墨迹，为幻灯片进行必要的批注。

3. 自定义演示文稿放映

如果只放映一篇演示文稿中的若干张幻灯片，可以将这些幻灯片创建为自定义放映，并且还可以重新设置这些幻灯片的顺序，从而实现按自定义内容和顺序播放幻灯片。

（1）打开"我的大学，我的梦.pptx"演示文稿，单击"幻灯片放映"选项卡|"自定义放映"下拉按钮，在下拉列表中选择"自定义放映"命令，打开如图5-37所示的"自定义放映"对话框。

（2）在"自定义放映"对话框中单击"新建"按钮，打开如图5-38所示的"定义自定义放映"对话框，输入自定义放映的名称"放映1"。

（3）在对话框左侧的幻灯片列表中选择需要的自定义放映幻灯片，单击"添加"按钮将其加入到"在自定义放映中的幻灯片"中。

（4）幻灯片添加完毕，可以通过对话框右侧的"上移"、"下移"按钮调整自定义幻灯片的顺序。

（5）设置完毕，单击"确定"按钮返回"自定义放映"对话框，在"自定义放映"列表框中将显示已创建的自定义放映，单击"关闭"按钮完成操作。

（6）在功能区选择"幻灯片放映"选项卡，单击"开始放映幻灯片"组|"从头开始"按钮，放映自定义幻灯片。

图 5-37　"自定义放映"对话框

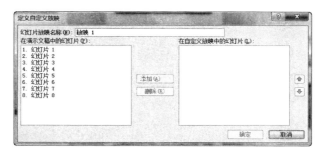

图 5-38　"定义自定义放映"对话框

5.5　演示文稿母版的应用

5.5.1　实验目的

（1）掌握幻灯片母版的设置和应用；
（2）掌握幻灯片讲义母版的设置及应用。

5.5.2　实验说明

演示文稿在使用过程中，有很多地方需要进行统一设置，如幻灯片中背景、配色和文字格式的统一等，这些往往用演示文稿的母版进行设置。演示文稿母版分为幻灯片母版、讲义母版和备注母版，演示文稿幻灯片母版控制在幻灯片的背景及其中键入的标题和文本的格式与类型；讲义母版用于添加或修改幻灯片在讲义视图中每页讲义上出现的页眉或页脚信息；备注母版可以用来控制备注页的版式以及备注文字的格式。

5.3.3　实验内容

1. 制作个性特色幻灯片母版

新建演示文稿，命名为"河南师范大学特色母版"，具体格式如图 5-39 所示。

1）制作"标题幻灯片版式"母版

（1）新建演示文稿文档，单击"视图"选项卡|"母版视图"组|"幻灯片母版"按钮切换至"幻灯片母版"视图。

（2）在"幻灯片母版"视图中，单击第 2 张幻灯片母版"标题幻灯片版式"。

（3）单击"插入"选项卡|"插图"组|"形状"下拉按钮，在下拉列表中选择"矩形"选项，在幻灯片顶部拖动鼠标绘制合适大小的矩形框。

（4）选中所绘制的矩形，单击"格式"选项卡|"形状样式"组|"形状填充"下拉按钮，在下拉列表中选择填充色为蓝色，单击"形状样式"下拉按钮，在下拉列表中选择"强烈效果-蓝色，强调颜色 1"选项。

（5）单击"插入"选项卡|"图像"组|"图片"按钮，打开"插入图片"对话框，插入"蓝色校徽"图片，适当调整其大小和位置。

（6）单击"插入"选项卡|"图像"组|"图片"按钮，打开"插入图片"对话框，插入"风景 1"、"风景 2"、"风景 3"和"风景 4"共四张图片。

（7）选中"风景 1"图片，单击"格式"选项卡，在"大小"组中设置高度 2.27 厘米，宽度 3.43 厘米。按以上方式依次设置"风景 2"、"风景 3"、"风景 4"的图片大小与"风景 1"一致。

（8）按下 Ctrl 键的同时，依次单击"风景 1"、"风景 2"、"风景 3"、"风景 4"四张图片，单击"格式"选项卡|"排列"组|"对齐"下拉按钮，在图 5-40 所示下拉列表中选择"上下居中"选项。

图 5-39　河南师范大学特色母版

图 5-40　图片"对齐"设置

（9）保持四张图片选中状态，单击"格式"选项卡，在"图片样式"组下拉列表中选择"棱台映像，白色"效果。

（10）保持四张图片选中状态，按下 Ctrl 键的同时选中"蓝色校徽"图片，在如图 5-40 下拉列表中选择"横向分布"选项。

（11）选中"单击此处编辑母版标题样式"占位符，单击"开始"选项卡，在"字体"组中设置字体为"微软雅黑"，字号为 44；选中"单击此处编辑母版副标题样式"占位符，设置字体为"微软雅黑"，字号为 32。

（12）单击"插入"选项卡|"图像"组|"图片"按钮插入"蓝色校徽"图片，放置在幻灯片底部。单击"插入"选项卡|"插图"组|"形状"下拉按钮，绘制一条蓝色直线，单击"格式"选项卡|"形状样式"组|"形状轮廓"下拉按钮，在下拉列表中选择"粗细: 6 磅"选项，并置于底层。

制作出的"标题幻灯片版式"幻灯片母版格式如图 5-41 所示。

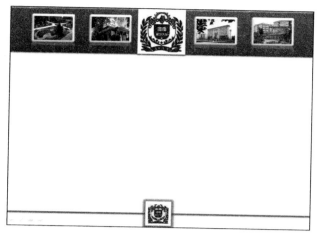

图 5-41　标题幻灯片版式

2）制作"标题和内容幻灯片版式"母版

（1）单击"视图"选项卡|"母版视图"组|"幻灯片母版"按钮。

（2）在幻灯片母版视图中，单击第 3 张幻灯片母版"标题和内容幻灯片版式"。

（3）单击"插入"选项卡|"插图"组|"形状"下拉按钮，在下拉列表中选择"矩形"命令，在幻灯片左侧拖动鼠标绘制合适大小矩形。

（4）选中所绘制的矩形，单击"格式"选项卡|"形状样式"组|"形状填充"下拉按钮，在下拉列表中选择填充色为蓝色；单击"形状样式"下拉按钮，在下拉列表中选择"强烈效果-蓝色，强调颜色 1"选项。

（5）保持所绘制的矩形的选中状态，单击"格式"选项卡|"插入形状"组|"编辑形状"下拉按钮，在下拉列表中选择"编辑定点"选项，形状四角会出现"锚点"，在矩形内侧中部位置单击增加一个锚点，然后单击内侧顶端锚点，拖动鼠标改变矩形内部弧度。

（6）单击"插入"选项卡|"图像"组|"图片"按钮，打开"插入图片"对话框，插入"蓝色校徽"图片，适当调整其大小。在图 5-40 所示的"对齐"下拉列表中选择"上下居中"选项。

（7）选中"单击此处编辑母版标题样式"占位符，单击"开始"选项卡|"字体"组|"字体"下拉框设置字体为"微软雅黑"，字号为 36；"单击此处编辑母版文本样式"占位符保持默认样式。

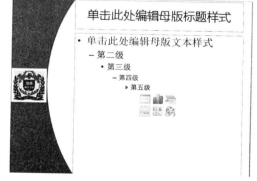

图 5-42　标题和内容幻灯片版式

制作出的"标题和内容幻灯片版式"幻灯片母版格式如图 5-42 所示。

3）幻灯片母版的应用

（1）单击"视图"选项卡|"演示文稿视图"组|"普通视图"按钮。此时演示文稿中只有一张幻灯片，如图 5-43 所示。

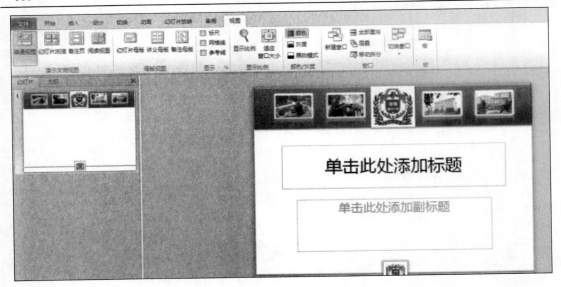

图 5-43　幻灯片母版应用(1)

　　(2) 单击"开始"选项卡|"幻灯片"组|"新建幻灯片"下拉按钮，打开"新建幻灯片"下拉列表，如图 5-44 所示。

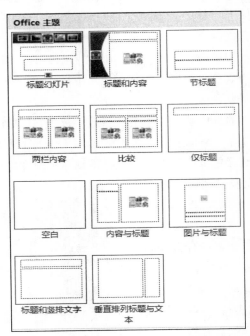

图 5-44　幻灯片母版应用(2)

　　(3) 单击"标题和内容"版式，即可新建一张内容页幻灯片。

2. 制作幻灯片讲义母版

演示文稿利用幻灯片讲义母版来制作讲义，幻灯片讲义母版通常需要打印输出，因此其设置与打印页面有关。幻灯片讲义母版主要设置一页讲义中包含几张幻灯片，以及讲义的版面布局、页眉、页脚、页码等的默认样式。

（1）打开"我的大学，我的梦.pptx"演示文稿，单击"视图"选项卡|"母版视图"组|"讲义母版"按钮，打开幻灯片讲义母版，讲义母版功能区包括五个功能组块，如图 5-45 所示。

图 5-45　讲义母版功能区

（2）单击"页面设置"组|"页面设置"按钮，打开"页面设置"对话框，"幻灯片"及"备注、讲义和大纲"选项均选择"横向"。

（3）单击"页面设置"组|"每页幻灯片数量"下拉按钮，在下拉列表中选择"4 张幻灯片"选项，设置每页讲义显示 4 张幻灯片。

（4）在"占位符"组分别选中"页眉"、"页脚"、"日期"和"页码"，输入内容后进行字体、字号等设置。

（5）单击"背景"组|"背景样式"下拉按钮，在下拉列表中选择"样式 6"选项，为讲义母版设置背景。

（6）单击"快速访问工具栏"中的"保存"按钮，将设置好的讲义母版进行保存。

　提示

讲义母版的页面设置效果并不会反映到其他幻灯片视图中，只有在选择"文件"按钮|"打印"命令后，打开的"打印"对话框中选择打印讲义并进行预览才可以看到讲义效果。

5.6　演示文稿的打包与发布

5.6.1　实验目的

掌握演示文稿的打包。

5.6.2　实验说明

打包演示文稿是指将支持演示播放文稿的文件和演示文稿中添加的所有多媒体素材一同保存，以便在没有安装 PowerPoint 软件的计算机上播放。

5.6.3　实验内容

本实验以"我的大学，我的梦.pptx"演示文稿为例，对演示文稿的打包与发布进行介绍。将"我的大学，我的梦.pptx"演示文稿打包成文件并保存到"D:\My Documents"文件夹中。

（1）打开"我的大学，我的梦.pptx"演示文稿，单击"文件"选项卡|"保存并发送"|"将演示文稿打包成 CD"按钮，打开如图 5-46 所示的"打包成 CD"对话框。

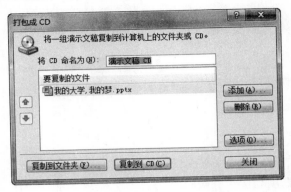

图 5-46 "打包成 CD"对话框

（2）单击"复制到文件夹"按钮，打开如图 5-47 所示的"复制到文件夹"对话框，在"文件夹名称"文本框中输入"PPT 打包"文件夹名。

图 5-47 "复制到文件夹"对话框

（3）在"复制到文件夹"对话框中单击"浏览"按钮，在打开的"选择位置"对话框中设置"D:\My Documents"为打包文件所在的位置，设置完毕，单击"选择"按钮返回"复制到文件夹"对话框，单击"确定"按钮。

（4）在"复制到文件夹"对话框中单击"确定"按钮开始打包，系统弹出"正在将文件复制到文件夹"对话框，开始复制打包文件。

（5）打包完成后，系统自动打开打包的目标文件夹。单击"打包成 CD"对话框中的"关闭"按钮结束操作。

 提示

打包成文件的演示文稿中包含多个支持文件，其中除了扩展名为.PPTX 的演示文稿文件之外，还有 PresentationPackage 文件夹下的 PresentationPackage.html 文件也是非常重要的文件，该网页文件可以调用发布的演示文稿文件在网页中播放，但需要下载安装相应的PowerPointViewer 插件才可以正常播放。

第6章 网络与信息安全

6.1 局域网配置与资源共享

6.1.1 实验目的

（1）认识常见的网络设备；

（2）掌握网络双绞线的基本制作；

（3）学会配置本地网络连接属性；

（4）掌握设置局域网内的文件与打印机共享方法；

（5）能够访问局域网资源。

6.1.2 实验说明

计算机网络按照其规模大小可以分为局域网、城域网、广域网和因特网。其中局域网是一种小范围内实现资源共享的计算机网络，它具有结构简单，投资少，数据传输速率高和可靠性高等优点，是目前用户接触最多的网络。大部分计算机都是先联入局域网，然后再通过局域网联入其他更大规模的网络，所以局域网是其他大规模网络的基础。

本实验从双绞线的制作开始，逐步创建一个简单的对等式局域网，并实现网内的软硬件资源共享。以此使读者在掌握基本组网技术的同时，体验计算机网络带来的便利。

6.1.3 实验内容

1. 制作双绞线

双绞线是目前局域网中最常用的有线传输介质，按电气性能划分，双绞线通常分为三类、四类、五类、超五类、六类、七类等。数字越大，版本越新，技术越先进，带宽越宽，价格也越贵。其中三类和四类基本已不使用，目前最常用的是五类和超五类线，该类电缆增加了绕线密度，外套一种高质量的绝缘材料，传输频率为 100MHz，用于语音传输和最高传输速率为 100Mbit/s 的数据传输，主要用于 100base-T 和 10base-T 网络，是最常用的以太网电缆。

双绞线的制作实际上就是把一个称为水晶头的网络附件安装在双绞线上的简单过程，当然不同用途的网线有不同的跳线规则。在双绞线制作过程中主要用到的网络材料、附件和工具包括五类以上的双绞线、8 芯水晶头、双绞线网线钳与测线器等，如图 6-1 所示。

  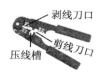

(a) 双绞线　　　　(b) 水晶头　　　　(c) 网线钳　　　　(d) 测线仪

图 6-1　双绞线、水晶头、网线钳与测线仪

双绞线的制作可以分为剪线、剥线、排序、剪齐、压线等几个步骤。

（1）剪线。利用网线钳的剪线刀口剪出合适长度的双绞线，具体长度与要互联的两台网络设备（计算机）之间的距离有关。

（2）剥线。把一端插入到双绞线钳用于剥线的刀口中（注意网线不能弯），直插进去，直到顶住网线钳后面的挡位，如图 6-2（a）所示，将双绞线的外皮除去 15mm 左右，初次实验的读者可适当长一些。压下网线钳，用另一只手拉住网线慢慢旋转一圈（无需担心会损坏网线里面芯线的包皮，因为剥线的两刀片之间留有一定距离，这距离通常就是里面 4 对芯线的直径大小），然后松开网线钳，把切断开的网线保护塑料包皮拔下来，露出 4 对、8 条网线芯线，如图 6-2（b）所示。

(a) 剥去外皮　　　　　　　　　(b) 剥除外皮后的双绞线

图 6-2　双绞线剥线操作

在 8 条（4 对）芯线中，每对互相缠绕的两根芯线由一条染有某种颜色的芯线加上一条相应颜色和白色相间的芯线组成。4 条全色芯线的颜色为棕色、橙色、绿色、蓝色，分别与之缠绕的 4 条花色芯线的颜色为棕白、橙白、绿白、蓝白。

（3）拨线排序：关于双绞线的色标和排列方法是有统一的国际标准严格规定的，EIA/TIA 的布线标准中规定了两种双绞线线序，分别是 568A 和 568B。

EIA/TIA 568A 标准：绿白/绿/橙白/蓝/蓝白/橙/棕白/棕

EIA/TIA 568B 标准：橙白/橙/绿白/蓝/蓝白/绿/棕白/棕

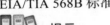 提示

为什么要采用国际标准对线芯进行排序？因为如果使用电缆两头一对一的连接方式，会使一组信号（负电压信号）通过不绞合在一起的两根芯线传输，造成极大的近端串扰，所以应按照国际标准打线。

在网络布线工程中，双绞线的制作大都使用 EIA/TIA 568B 标准。将裸露的双绞线中的橙色对线拨向左方，棕色对线拨向右方，将绿色对线与蓝色对线放在中间位置，如图 6-3（a）所示。在排列线序的过程中，小心地剥开每一对线，遵循 EIA/TIA 568B 标准，将线对的颜色有顺序排列好，左起依次为：橙白/橙/绿白/蓝/蓝白/绿/棕白/棕。操作时用一只手剥线，另一只手的拇指和食指将剥开的色线按规定的线序捏紧，如图 6-3（b）所示。

(a) 剥线

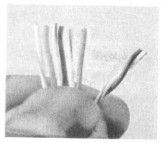
(b) 排列线芯

图 6-3　剥线、依序排列线芯

橙白色

棕色

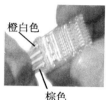
(a) 依序塞入线芯

(b) 压线

(c) 测试网线

图 6-4　线芯穿入水晶头、压线、测试

（4）将排列好线序的双绞线用压线钳的剪线口剪下，留下约 12mm 的长度，要确保线序正确、线头整齐、长度一致。一只手拿水晶头，另外一只手捏紧排好顺序的线芯，按图 6-4(a)所示的角度将双绞线的每一根线芯依序放入 RJ-45 水晶头的引脚内，其中橙白线芯插入水晶头的第一个铜片下的线孔，橙色线芯插入水晶头的第二个铜片下的线孔，依次类推，棕色线芯插入水晶头的第八个铜片下的线孔。确定双绞线的每根线是否按正确顺序放置，然后用力将线芯塞入水晶头，从水晶头的末端仔细查看，确认在水晶头末端能够明显看到每根线芯的铜线截面，据此判断铜线已经进入到水晶头的底部位置。接下来，将插入线芯的水晶头按方向塞入用双绞线压线钳的压线槽，并用力握紧压线钳的把手使水晶头里的八块小铜片压下去，使每一块铜片的尖角都触到对应的铜线，该压线操作如图 6-4(b) 所示。

重复以上（1）～（4）的步骤制作另一端的 RJ-45 接头。本实验欲用该网线直接连接两台电脑，需要做交叉线，另一端 RJ-45 接头的引脚接法按 568A 标准进行。若该网线用于连接电脑站与集线器，则做直通线，另一端 RJ-45 接头的引脚接法也按 EIA/TIA 568B 标准进行。

（5）测试网线：网线两端制作完成后，将网线两端的水晶头分别插入测线器的两个 RJ-45 接口中，打开测线器开关加电测试网线和水晶头是否连接正常。若是交叉线，则测线器主机灯从 1～8 依次闪烁；副机这边灯亮的顺序为：3、6、1、4、5、2、7、8；如果是直通线，则两组 1、2、3、4、5、6、7、8 指示灯对应的灯依次同时点亮（图 6-4(c)）。

若网线测试不正常，则需要仔细检查两个水晶头，将认为有可能出问题的水晶头剪掉，重复以上步骤，直至网线测试正常。

2. 进行网络设置

启动 Windows 7，首先确认系统中网络适配器(网卡)已经正确安装，然后进行本地连接的设置。配置相关的网络服务以及网络协议等内容，具体操作步骤如下。

（1）确认网卡是否正确安装。启动 Windows 7，右击"计算机"，在弹出的快捷菜单中选择"管理"命令，打开如图 6-5 所示的"计算机管理"窗口。单击窗口左边"控制台树"窗格中的"设备管理器"选项，在右侧窗格中显示"设备管理器"管理界面。双击界面中的"网络适配器"选项，列出当前安装的"网络适配器"。图 6-5 所示的计算机安装有一个 Realtek PCIe FE Family Controller 有线网卡，网卡驱动程序无异常。另外，一个有 Wireless 字样的设备为无线网卡。

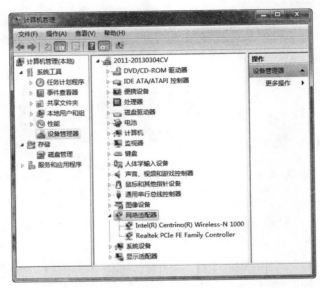

图 6-5　"计算机管理"窗口

 提示

在"设备管理器"的设备列表中，有异常的设备将以感叹号、叉号或者问号标注。其中工作异常的设备将以感叹号标注，问号标注的设备为系统无法识别的未知设备，暂时被停用的设备则以叉号标注。暂时停用的设备可以通过右击该设备选择快捷菜单中的"启用"命令恢复工作，大部分问号和感叹号标注的设备可以通过安装正确的驱动程序来解决。

（2）设置本地连接。右击桌面上的"网络"图标，选择快捷菜单中的"属性"命令，在打开的"网络和共享中心"窗口中单击左侧的"更改适配器配置"选项转到"网络连接"窗口。在该窗口中列出了系统当前安装的适配器，右击有线网卡选择快捷菜单中的"属性"命令，打开如图 6-6 所示的"本地连接 属性"对话框，窗口中列出了该网卡绑定的客户端、协议和服务，确认该网络连接已经安装了 Microsoft 网络客户端、Microsoft 网络的文件和打印机共享、Internet 协议（TCP/IP），若没有安装某个项目，可以单击"安装"按钮进行添加。

双击对话框中的 Internet 协议版本 4(TCP/IPv4)项目，系统弹出如图 6-7 所示的"Internet 协议版本 4(TCP/IPv4)属性"对话框，在该对话框中可以设置本机的 IP 地址等信息。如果网络中有 DHCP 服务器的话，IP 地址可以设置为"自动获取"。这里手动设置本机 IP 地址为 192.168.0.3，子网掩码为 255.255.255.0，其余选项的设置如图 6-7 所示。

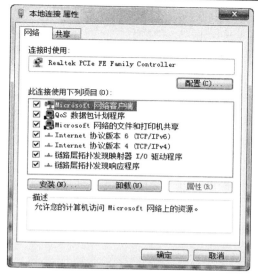
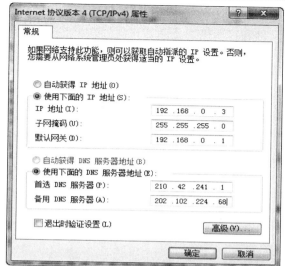

图 6-6　"本地连接 属性"对话框　　　　图 6-7　"Internet 协议属性"对话框

　　用同样的方式设置其他计算机的本地连接，并将 IP 地址设置为 192.168.0.1～192.168.0.254 区间的 IP 地址，只要保证 IP 地址与网络中的其他设备(计算机)的 IP 地址没有重复，这里设置为 192.168.0.2。

 提示

　　互联网上的 IP 地址统一由 IANA(Internet Assigned Numbers Authority，互联网网络号分配机构)的组织来管理。为了解决互联网的 IP 地址资源紧张的问题，IANA 将 A、B、C 类 IP 地址的一部分保留下来,留作局域网使用的 IP 地址空间。其中 A 类保留地址范围为 10.0.0.0～10.255.255.255，B 类保留地址范围为 172.16.0.0～172.31.255.255， C 类保留地址范围为192.168.0.0～192.168.255.255。若局域网内计算机数量少于 254 台，在 C 类 IP 地址段里选择IP 地址范围就可以了，如 192.168.0.1～192.168.0.254。

　　(3) 测试网络的连通性。将两台计算机的本地连接设置完毕，用第一步制作的交叉网线将这两台计算机连接。在其中一台计算机(如 IP 为 192.168.0.3 的计算机)的 Windows 界面下选择"开始"|"所有程序"|"附件"|"命令提示符"命令，启动 Windows 的命令提示符窗口，在命令提示符下输入"ping"对方计算机的 IP地址(如"ping 192.168.1.2")按 Enter 键，测试两台计算机之间的连接是否有效。系统将向 IP 地址为 192.168.0.2 的计算机发送 32 字节的数据包,对方回复同样的数据包,若网络线路通畅，则系统提示信息如图 6-8 所示。系统发送了 4 次数据包，都在 1 毫秒时间内收到了对方的回复。若网络连接有问题，则会出现 Request timed out 或Destination net unreachable 的错误提示。

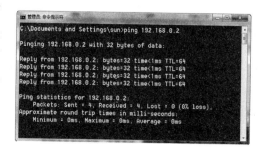

图 6-8　网络连通测试 Ping

　　(4) 设置资源共享。组建网络的主要目的就是进行资源共享，其中最常用的共享资源包括文件和打印机。文件夹共享在第 2 章已经有所提及，这里主要进行打印机共享操作。

　　首先在其中一台计算机(如 IP 地址为 192.168.0.2)上连接打印机并安装好驱动程序。选择"开始"|"设备和打印机"命令，打开"设备和打印机"窗口，如图 6-9 所示，这里安装的有一台 Samsung ML-2010 Series 打印机。右击要共享的打印机，选择快捷菜单中的"打印机属性"命令，打开打印机属性对话框，在对话框的"共享"选项卡中选择中"共享这台打印机"复选框，然后在"共享名"文本框中修改打印机的共享名称，这里将共享名设置为"ML-2010"，如图 6-10 所示。设置完毕，单击"确定"按钮关闭对话框。

图 6-9　"打印机和传真"对话框

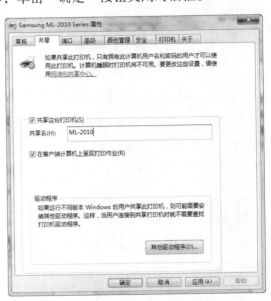

图 6-10　设置打印机共享名

　　(5) 添加网络打印机。在另外一台计算机上(如 IP 地址为 192.168.0.3)选择"开始"|"设备和打印机"打开设备和打印机"窗口。在窗口空白处右击，选择快捷菜单中的"添加打印机"命令，启动"添加打印机向导"的第 1 个对话框。在第 1 个对话框中单击"添加网络、无线或 Bluetooth 打印机"选项，系统弹出向导的第 2 个对话框搜索网络打印机，稍等片刻，对话框中列出了可以使用的网络共享打印机，在此选择先前共享的 ML-2010 打印机，单击"下一步"按钮系统提示"已成功添加 Samsung ML-2010 Series"，用户可以在"打印机名称"文本框中为新增加的打印机重新命名，在此命名为"ML-2010 网络打印机"，如图 6-11 所示。

　　选择完毕，单击"下一步"按钮，系统弹出向导的下一个对话框，提示用户打印机添加完成，必要的话可以单击"打印测试页"按钮打印测试页以验证网络打印机的可用性，如图 6-12 所示。至此，网络共享打印机添加完毕，单击对话框中的"完成"按钮关闭对话框。新增加的共享打印机在"设备和打印机"窗口中出现，用户可以将该打印机当做本地打印机一样使用，只要对方计算机正常联机。

图 6-11　指定打印机共享名

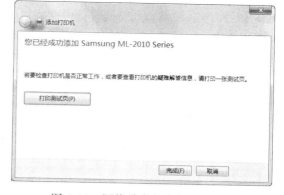

图 6-12　网络共享打印机添加完成

6.2　使用 Outlook 2010 收发电子邮件

6.2.1　实验目的

（1）掌握 Outlook 2010 的邮箱账号设置；

（2）能够使用 Outlook 2010 收发邮件；

（3）能够使用 Outlook 2010 管理邮件。

6.2.2　实验说明

电子邮件即通常所说的 E-mail（Electronic Mail）。与传统的邮件相比，电子邮件具有简单、方便、快速、费用低等优点。用户只要拥有一台计算机并且接入了 Internet，就可以在几秒钟内将邮件发送到世界上的任何地方。此外，通过电子邮件不但可以传递文字信息，还可以传递图像、声音、视频等多媒体信息。电子邮件的强大功能和诸多优点已经使其成为 Internet 中应用最广、最受欢迎的服务之一。

Office 2010 中的 Outlook 2010 是一款常用的电子邮件客户端软件。Outlook 2010 不是电子邮箱的提供者，而是 Microsoft 开发的一个收、发、写、管理电子邮件的软件，使用它收发电子邮件十分方便。需要说明的是，该软件的功能不限于此。

通常我们在某个网站注册了自己的电子邮箱后，要收发电子邮件，必须登录该网站，进入电子邮箱网页，输入账户名和密码，然后进行电子邮件的收、发、写操作。

使用 Outlook 2010 后，这些顺序便一步跳过。只要打开 Outlook 2010 界面，Outlook 2010 程序便自动与用户注册的网站电子邮箱服务器联机工作，收下电子邮件。发信时，可以使用 Outlook 2010 创建新邮件，通过网站服务器联机发送。所有使用 Outlook 2010 收取的电子邮件都可以脱机阅览，另外，Outlook 2010 在接收电子邮件时，会自动把发信人的电邮地址存入"通讯簿"，供用户以后使用。

此外，当用户上网浏览网页时，若单击网页中的 E-mail 超链接（很多网页上都有的"联系我们"之类的 E-mail 超链接，如图 6-13 所示，系统将自动启动默认的邮件处理工具软件

Outlook 2010 并转到创建新邮件的界面，该新邮件已自动设置好了收信人和发信人地址的电子邮件地址，用户只要添加邮件主题和正文等其余邮件内容，单击"发送"按钮即可。

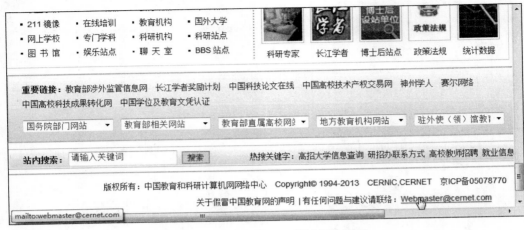

图 6-13　包含邮件地址的链接的网页

本实验主要基于 Outlook 2010 软件进行邮件操作的练习。其中主要包括邮件账号设置、收取邮件、撰写及发送邮件、邮件管理等内容。读者可先申请一个电子邮箱，然后进行该实验的操作练习。

6.2.3　实验内容

1. 启动 Outlook 2010 并设置邮箱账号

（1）在 Windows 7 中选择"开始"|"所有程序"|Microsoft Office | Microsoft Outlook 2010 命令即可启动 Outlook 2010。如果是首次在该计算机上启动该软件，尚未添加电子邮件账号，则可以选择"文件"|"信息"|"添加账户"命令打开"添加新账户（选择服务）"对话框，在此选中"电子邮件账户"提示单击"下一步"按钮，在接下来打开的如图 6-14 所示的"添加新账户（自动账户设置）"对话框中输入使用者的姓名、电子邮件地址以及密码等，其中输入的姓名将出现在发送邮件的"发件人"位置，邮件地址的格式为：账户名@服务器名。

（2）电子邮件相关信息输入完毕，单击"下一步"按钮打开如图 6-15 所示的"添加新账户（正在配置）"对话框，系统自动配置账户的设置。配置完成后，系统将自动向设置的邮箱发送一份测试邮件进行测试邮件收取，若测试顺利，则对话框显示设置成功。

若测试失败，则有可能是自动获取的邮件服务器错误，用户可以选择对话框中的"手动配置服务器设置或其他服务器类型"选项进行手动配置。不同的电子邮件服务提供商对应的电子邮件服务器名是不一样的，用户可以查阅邮件服务器上的帮助信息或者咨询邮件服务提供商。由于之前设置的是 126.com 的邮箱地址，在此选择最常用的 POP3 服务器类型，邮件服务提供商给出的接收邮件服务器为 pop.126.com，发送邮件服务器为 smtp.126.com。

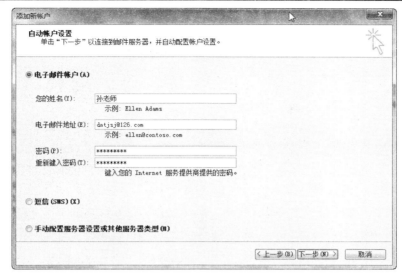

图 6-14　设置电子邮件账户基本信息

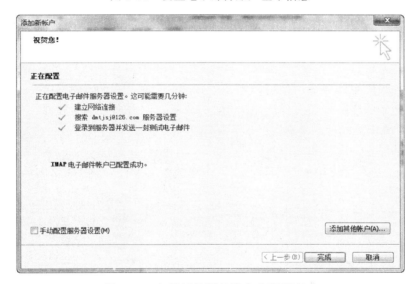

图 6-15　电子邮件服务器自动配置完成

 提示

　　一般来讲，邮箱的 POP3 及 SMTP 服务器地址形式为"pop.XXX.com"/"pop3.XXX.com"和"smtp.XXX.com"，其中"XXX"视不同的邮箱而不同。以 QQ 邮箱为例，在浏览器输入"mail.qq.com"打开 QQ 邮箱的登录页面，在页面下方就明确说明了 POP3 服务器地址为"pop.qq.com"，SMTP 服务器地址为"smtp.qq.com"；但有的邮箱没有把服务器地址写在显眼的位置(如网易邮箱)，用户可以在登录 Web 邮箱后单击页面右上角的"帮助"按钮，然后在新开的页面中单击"客户端设置"，再单击"如何配置客户端软件"链接，就可以从中获得正确的邮件服务器地址了。

提示

启动 Outlook 2010 后，选择"文件"|"信息"|"添加账户"命令，即可再次启动"添加新账户向导"添加更多的电子邮件账户。

2. 接收和查看邮件

发送给用户的邮件首先发送到用户邮件地址对应的邮件服务器上，被暂时保存在邮件服务器上分配的邮箱空间中。用户想要查看邮箱中的邮件，可以使用 Outlook 2010 连接到该邮件服务器将邮件下载到本地计算机，进而实现脱机浏览。所有收到的邮件都保存在 Outlook 2010 对应账号下的"收件箱"中。

(1) 接收邮件：邮件账号成功设置完毕，系统将自动收取账户的邮件。以后再收取邮件时，可以启动 Outlook 2010，选择"发送/接收"|"发送和接收所有文件夹"命令收取所有账号的邮件。选择"发送/接收"|"发送和接收组"下拉列表中的账号，可以单独收取该账号的邮件。也可以单击邮件账号下的"收件箱"文件夹，然后选择"发送/接收"|"更新文件夹"命令单独收取该账号的邮件。

(2)查看邮件：使用 Outlook 2010 收取的邮件存放于 Outlook 2010 收件箱中。若收到新邮件，Outlook 2010 将提示收件箱中有新邮件，单击窗口左侧的"文件夹"列表栏中的"收件箱"文件夹，在窗口右侧列出了当前收件箱中的邮件。其中新邮件的显示图标为一个未开启的信封，且邮件主题等文字信息以加粗方式显示。单击邮件列表中的一个邮件，可以在邮件列表右侧显示该邮件的内容，如图 6-16 所示。双击列表中的邮件，打开如图 6-17 类似的邮件窗口阅读该邮件的内容。

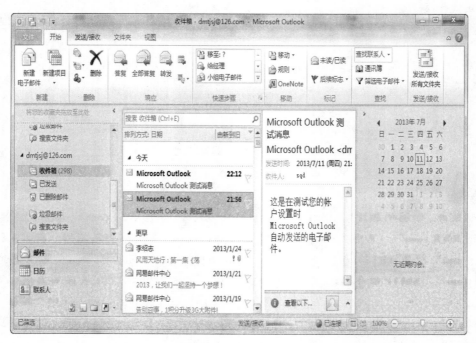

图 6-16　查看新邮件

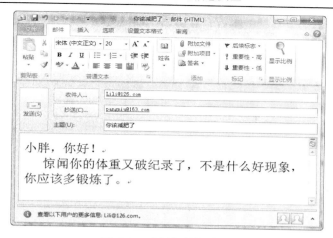

图 6-17　"新邮件"窗口

3. 撰写和发送邮件

（1）要撰写新邮件，可以选择 Outlook 2010 的"开始"选项卡｜"新建电子邮件"按钮，再单击工具栏上的"创建邮件"按钮打开如图 6-17 所示的"新邮件"窗口。

（2）在"收件人"栏填写收件人的邮件地址，在此处可以填写以西文逗号或者分号隔开的多个邮件地址，以便把一封邮件提示发给许多人。"抄送"栏的作用和填写方式与"收件人"类似。

（3）邮件的主题通常被认为是邮件的必填项目，主题概要说明了邮件的内容。窗口中最下方的大块区域主要用来书写邮件的正文。通过"邮件"选项卡中的工具可以设置邮件正文的文本格式，在邮件正文中添加通讯录姓名、附件文件，设置邮件标记等操作。

（4）通过"插入"选项卡中的工具可以插入图片、剪贴画、自选图形、图表等 Office 素材。

 提示

在"插入"、"设置文本格式"、"审阅"等选项卡中提供了与 Word 2010 类似的命令工具可以大大提高邮件的版面效果和创建效率。邮件的附件可以是 Office 文档、图形图像、声音甚至视频文件，是邮件的重要补充材料。

（5）邮件创建完成，可以单击"收件人"左侧的"发送"按钮直接发送邮件；也可以执行"文件"｜"保存"命令将邮件保存到"草稿箱"备用。

4. 邮件管理

无论是收取的邮件还是用户创建的邮件，Outlook 2010 都分门别类地存放于不同的文件夹里。其中收取的邮件存放在"收件箱"，尚未完成的邮件存放于"草稿箱"，已经发送完成的邮件存放于"已发送邮件"，删除的邮件暂存于"已删除邮件"。这些文件夹中的邮件都可以很方便地进行复制、移动、删除操作。

（1）复制邮件。首先右击要复制的邮件，在弹出的快捷菜单中选择"复制到文件夹"命令，然后在打开的"复制"对话框中指定邮件复制的目的文件夹，也可以单击对话框中的"新建文件夹"按钮创建文件夹以存放复制的邮件。邮件复制目的文件夹可以与源文件夹相同。

（2）移动邮件。右击要移动的邮件，在弹出的快捷菜单中选择"移动到文件夹"命令，然后在打开的"移动"对话框中指定邮件移动的目的文件夹，也可以单击对话框中的"新建文件夹"按钮创建文件夹作为移动邮件的目的地。

（3）删除邮件。选中要删除的邮件，按 Delete 键即可将邮件移动至"已删除邮件"文件夹。若要彻底删除邮件，则按 Shift+Delete 组合键。右击"已删除邮件"文件夹，在弹出的快捷菜单中选择"清空'已删除邮件'文件夹"命令。

6.3　网络信息搜索

6.3.1　实验目的

（1）了解常用的网络搜索引擎；

（2）了解网络信息搜索的基本步骤；

（3）掌握网络信息搜索的基本操作；

（4）初步掌握网络信息搜索的技巧。

6.3.2　实验说明

网络信息搜索也称网络信息检索，是指互联网用户在网络终端，通过特定的网络搜索工具或是通过浏览的方式，运用一定的网络信息检索技术与策略，从有序的网络信息资源集合中查找并获取所需信息的过程。

因特网上有海量的数据，是信息的海洋，但在解决实际问题中，仍感到缺乏真正需要的信息，出现了数据丰富，信息贫乏的问题。如何在海量数据堆中，准确、快速地找到所需要的信息，是一个需要很好解决的重大问题。搜索引擎的出现为解决这一问题提供了有效的途径。

搜索引擎是指自动从因特网搜集信息，经过一定整理以后，提供给用户进行查询的系统。目前，因特网上的搜索引擎很多，常用的综合类搜索引擎(也称为水平搜索引擎)有百度、Google、微软必应搜索、搜狐搜狗、搜搜、有道等。综合搜索引擎检索多种类型、大量领域，在内容类型和领域方面表现出综合性。水平搜索引擎强调信息的宽广，面对的是广泛用户的信息需求。

（1）百度(www.baidu.com)。百度于 1999 年年底在美国硅谷成立，是目前全球最大的简体中文搜索引擎之一，为用户提供网页、MP3、图片、新闻、百度贴吧、百度知道、百度地图等 68 种产品或服务，功能全面。每天为全球用户提供上亿次的搜索访问响应，覆盖人群广，市场占有率高。不足之处是滥用竞价排名，导致信任危机。

（2）谷歌(www.google.com)。谷歌创建于 1998 年 9 月，是目前全球规模最大的搜索引擎和高效的广告宣传媒介。Google 的实用性及便利性赢得了众多用户的青睐，它几乎完全是在用户的交口称颂下成为全球最知名的品牌之一。"Google"来自于数学名词"Googol"，Googol 表示一个 1 后面跟着 100 个零。谷歌使用这一术语体现了公司整合网上海量信息的远大目标，目前处于全球网络搜索市场份额第一的权威地位。

（3）搜狗（www.sogou.com）。搜狐于 2004 年 8 月 3 日推出的全球首个第三代互动式中文搜索引擎，并于 2007 年 1 月 1 日正式推出 3.0 版本，凭借自主研发的服务器集群并行抓取技术，成为全球首个中文网页收录量达到 100 亿的搜索引擎。

（4）搜搜（www.soso.com）。2005 年 12 月腾讯公司宣布旗下搜索网站 SOSO 正式上线独立承载搜索业务。SOSO 专注年轻网民的需要，新增了"论坛搜索"选项，并整合 QQ 群、Q-Zone 等资源，在其独有的"搜吧"服务中，可直接用 QQ 号登录，并于 2009 年 09 月研发出自有搜索引擎技术，脱离了之前对谷歌技术的依赖，整合了腾讯平台 4.48 亿海量活跃忠诚度高的用户。

（5）必应（www.bing.com）。必应是 2009 年 5 月 28 日微软公司推出的用以取代 Live Search 的搜索引擎。Bing 搜索的最大特点在于，与传统搜索引擎只是单独列出一个搜索列表不同，微软还会对返回的结果加以分类，侧边栏还会显示一组相关的搜索关键词由此为用户提供更为广泛的相关结果出色的搜索技术，更为全面、快捷、精准。

（6）有道（www.youdao.com）。网易公司自 2006 年 12 月推出了有道网页搜索、图片搜索、博客搜索和海量词典四项产品。其中网页搜索使用了其自主研发的自然语言处理、分布式存储及计算技术；图片搜索首创了根据图片拍摄的相机品牌、型号搜索，甚至根据拍摄的季节搜索等高级功能；博客搜索相比同类产品具有抓取全面、更新及时的优势，提供"文章预览"，"博客档案"等创新功能。

此外，还有一些专用搜索引擎（垂直搜索引擎），专门用来检索某一主题范围或某一类型信息，追求专业性与服务深度是它的特点。此类搜索引擎的检出结果虽可能较综合搜索引擎少，但检出结果重复率低、相关性强、查准率高，适合于满足较具体的、针对性强的检索要求。目前已经涉及购物、旅游、汽车、工作、房产、交友等行业。例如，专门查号码的"查一下"（www.deepdo.com）、查书的"番薯网"（www.fanshu.com）、查各种文档的"豆丁网"（www.docin.com）、购物搜索的"一淘网"（www.etao.com）、"360 教育搜索"（edu.360.cn）、搜地图的"图吧"（www.mapbar.com）、公交线路搜索"坐车网"（zuoche.com）、搜房子（www.soufz.com）等。

网络信息搜索可分为四个步骤：分析检索课题，选择适当的检索词；逻辑组配检索项，构造检索表达式；选择适合的检索工具进行检索；处理检索结果。在初步认识常用搜索引擎的基础上，本实验以百度、Google 为例进行网络搜索操作实验。

6.3.3　实验内容

1. 基本搜索

（1）访问百度网站。启动 Internet Explorer 浏览器，在地址栏中输入百度搜索的网址"www.baidu.com"打开百度搜索主页，如图 6-18 所示。搜索框上方列出了百度网常用的服务功能，默认的功能为普通网页搜索。

（2）输入关键词搜索。在百度搜索框中输入检索关键词（简称关键词），按 Enter 键或者单击"百度一下"按钮即可。如果输入多个关键词，它们之间用空格隔开，系统默认为逻辑

图 6-18　百度搜索主页

"与"运算。即查找多个关键词同时出现的网页，如果要了解"地沟油的检测技术"，可以在搜索框中输入空格分隔的两个关键词"地沟油 检测"，单击"百度一下"按钮，即可看到分页显示的检索结果，如图 6-19 所示。页面底部提示本次搜索"找到相关结果约 1 400 000 个"，单击底部的页码标签可以切换至对应结果页。单击搜索结果列表中的标题，即可在浏览器中打开对应的网页。

2. 多关键词组合搜索

（1）要求同时包含多个关键词的组合搜索。多个关键词并存在结果中，这几个关键词之间就构成了"与"的关系。一般的搜索引擎使用空格、"&"、"+"或"AND"来表示"与"，用"与"运算符将多个关键词连接起来进行搜索，在百度中与运算符通常都以空格代替，百度会在多个以空格隔开的关键词之间自动添加"+"。百度提供符合指定全部查询条件的资料，并把最相关的网页排在前列。图 6-19 所示为一个简单的例子。

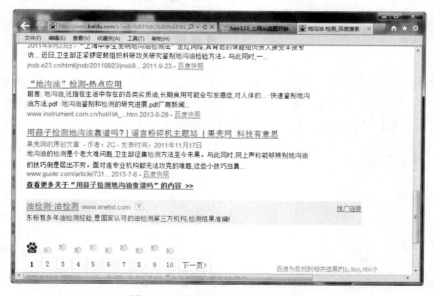

图 6-19　百度网页搜索结果示例

（2）搜索结果要求不包含某些特定信息。排除含有某些词语的资料有利于缩小查询范围。通常搜索引擎用减号"–"表示逻辑"非"操作。"A–B"表示搜索包含 A 但不包含 B 的网页。百度支持"–"功能，用于有目的地删除某些无关网页，但减号之前必须留一个空格，不包含的关键词可以有多个。例如，要查找与"李亚鹏"无关的"笑傲江湖"网页，则可以输入"笑傲江湖–李亚鹏"，即可检索到如图 6-20 所示的网页信息。从中可以看到检索结果基本上排除了关键词"李亚鹏"。

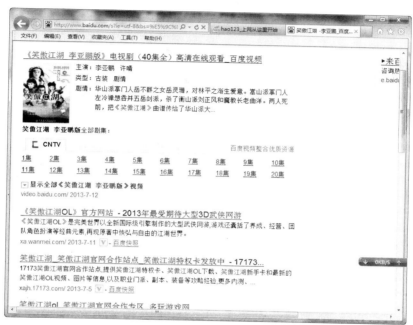

图 6-20　"笑傲江湖 -李亚鹏"搜索结果

 提示

本操作是要查找与"李亚鹏"无关的"笑傲江湖"网页，但检索结果列表中的第一个明显不符合条件。这是由于百度公司出于广告宣传的目的对搜索结果进行人工干预的结果。

（3）搜索结果至少包含多个关键词中的任意一个。搜索结果中或者包含关键词 A，或者包含关键词 B，或者二者都包含。关键词可以有多个。通常搜索引擎用符号"|"或"OR"表示逻辑"或"操作。例如，要查找与"李亚鹏"或者"笑傲江湖"相关的网页，则可以输入"笑傲江湖 |李亚鹏"。

（4）搜索结果中包含完整词句。有时搜索引擎可能会将一个长些的关键词拆分成多个关键词进行搜索，而导致搜索结果比较多。因此，在用较长的短语做关键词进行搜索时，可以用英文双引号将其括起来。在百度中还可以用中文书名号把作品名字括起来检索，如要寻找台湾电影《那些年，我们一起追的女孩》的相关信息，则可以用书名号或者英文双引号括起来。

3. 高级搜索技巧

（1）在关键词中使用通配符。很多搜索引擎支持通配符号，如"*"代表一连串字符，"?"代表单个字符等。也有些搜索引擎对通配符支持有限，如只能用"*"来替代单个字符，而且包含"*"时必须用英文半角引号引起来。如要查找某个成语，只知道其中一两个字，就可以使用通配符。与 Google 相比，百度搜索对通配符的支持需要改进。例如，要查找一个四字成语，只知道第一、第三个汉字分别是"数"、"知"，其余不知道，则可以在 Google 搜索框中输入""数*知*""进行搜索。其结果如图 6-21 所示，系统找到了"数往知来"的成语相关的网页。

图 6-21　通配符搜索示例

（2）百度拼音搜索。如果只知道某个词的发音，却不知道怎么写，或者嫌某个词拼写输入太麻烦，该怎么办？　百度拼音提示能帮您解决问题。在输入查询词的汉语拼音时，百度就能把最可能符合要求的对应汉字在搜索框下提示出来。它事实上是一个无比强大的拼音输入法，如输入"henanshida"时，系统将在搜索框下提示"河南师大"、"河南师大附中"、"河南时代显示技术有限公司"，这时用户可以按键盘上的"↓"键选择其中的提示项，选中后按 Enter 键即可完成检索词的输入。

如果搜索框中输入拼音，按 Enter 键进行检索，系统将优先按照同音的热门检索词汇进行搜索，同时将搜索建议显示在搜索结果页面上方。例如，在百度的搜索框中输入"heshida"进行搜索，系统将提示："您要找的是不是：河师大"，同时检索的结果大多与"河师大"相关，如图 6-22 所示。

（3）将搜索结果限制在某个或某类网站。在关键词后添加 site 限制词来实现此类限制；而如果是要排除某网站或者某类网站范围内的页面，可以在关键词后加上"–网站/域名"来限制。例如，搜索新浪科技频道中关于搜索引擎技巧的信息，可以输入"搜索引擎　技巧 site:tech.sina.com.cn"。

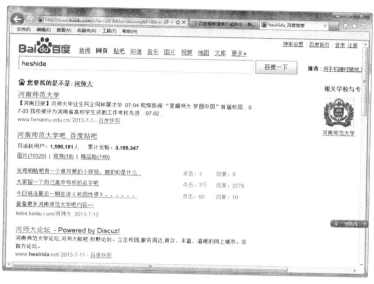

图 6-22　百度拼音搜索结果示例

（4）查找包含关键词的某一类文件。filetype 是目前多数搜索引擎都支持的非常强大而实用的一个搜索语法。也就是说，用户不仅能搜索一般的文字页面，还能对某些专用文档甚至是二进制文档进行检索。用法：filetype:文件扩展名。例如，PDF 文档通常是一些图文并茂的综合性文档，提供的信息一般比较集中全面，若要搜索一些与网络技术相关的 PDF 文档，可以输入"网络技术　filetype:pdf"进行检索，如图 6-23 所示。

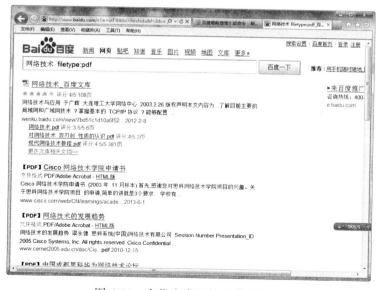

图 6-23　在指定类型的文件中搜索

（5）搜索关键词包含在 URL 链接中。URL 是英语 Uniform Resource Locator 的缩写，中文意思是统一资源定位符，也就是通常人们所说的网址。inurl 语法表示返回的网页链接（网址）中包含第一个关键词，后面的关键词则出现在链接中或者网页文档中。有很多网站把某一类具有相同属性的资源名称显示在目录名称或者网页名称中，如"mp3"、"gallary"等，于是，就可以用 inurl 语法找到这些相关资源链接，然后，用第二个关键词确定是否有某项具体资料。inurl 语法和基本搜索语法的最大区别在于，它能提供非常精确的专题资料。例如，要查找 midi 电子合成音乐"沧海一声笑"，可以输入 "inurl:midi 沧海一声笑"进行搜索。

（6）搜索关键词包含在网页标题中。"intitle"和"allintitle"的用法类似于上面的 inurl 和 allinurl，只是后者对 url 进行查询，而前者对网页的标题栏进行查询。网页标题，就是 html 标记语言<title>与</title >中之间的部分。网页设计的一个原则就是要把主页的关键内容用简洁的语言表示在网页标题中。因此，只查询标题栏，通常也可以找到高相关率的专题页面。例如，要查找邓丽君的照片集，搜索："intitle:邓丽君 写真集"进行搜索。

（7）搜索所有链接到某个 URL 地址的网页。link 语法返回有多少页面对指定的网址有链接引用，不能与其他语法相混合操作，所以 link:后面即使有空格，也将被搜索引擎忽略。如果你拥有一个个人网站，估计很想知道有多少人对你的网站做了链接。而"link"语法就能让你迅速达到这个目的。例如，搜索所有含指向华军软件园"www.newhua.com"链接的网页，可以输入"link:www.newhua.com"进行搜索。

 提示

除了上述功能，link 语法还有其他妙用。一般说来，做友情链接的网站都有相似地方。这样，通过这些友情链接，可以找到一大批具有相似内容的网站。比如说，你是个天文爱好者，你发现某网站非常不错，那么，可以用 link 语法查一下与之做链接的网站，也许可以找到更多符合你兴趣的内容。

（8）"网页快照"功能。"网页快照"是百度、Google 等搜索网站从互联网上抓取下来缓存在服务器上的网页，Google 称为"网页快照"；百度称为"百度快照"；Bing 称为"缓存页"。"网页快照"的基本作用有三个：其一，如果原地址打开很慢，可以直接查看"网页快照"，因为搜索网站服务器速度相对要快；其二，如果原链接已经死掉或者因为网络的原因暂时链接不通，可以通过"网页快照"看到该页面信息，不足之处是快照内容未必是最新的页面；其三，如果打开的页面内容太多，一下子找不到关键词所在位置，可以查看"网页快照"，系统会在快照中用醒目的颜色显示关键词。

6.4　Dreamweaver 网页制作

6.4.1　实验目的

（1）了解制作网页的基本步骤；

（2）熟悉 Dreamweaver 软件的操作环境；

（3）掌握在网页中插入和编辑文本、图像的方法；

（4）学会给文字和图像创建超链接；

（5）进一步熟悉网站构架和网页制作的基本技能。

6.4.2　实验说明

网页实际上是一个文件，其存放在互联网的某一台计算机中。网页经由网址（URL）来识别与存取，当人们在浏览器输入网址后，经过一段复杂而又快速的程序，网页文件会被传送到用户的计算机，然后再通过浏览器解释网页的内容，再展示出来。

网站是展示特定内容传递特定信息的一组相关网页的集合。从某种程度上说，网站制作的过程实际上就是在网站内容规划的基础上制作若干个网页的过程，网页制作也是网站制作的主要任务。要制作出一个理想的网站，首先需要确定网站主题内容，然后依次经历网站(网页)规划、素材准备、网站创建、网页制作及测试等几个阶段，最后将确认无误的网站信息在服务器上发布。本节以创建一个宠物用品网站为例介绍网站(网页)制作的步骤。

6.4.3　实验内容

1. 确定主题，规划网站

制作网站之前，要确定网站的主题(如个人空间、宿舍或班级主页、社团主页等)，然后围绕主题规划网站的结构。其中网站的结构主要确定网站包含哪几个模块，模块之间的关系等内容。每个模块有若干个网页组成，模块(网页)之间的关系就是网页中的超链接。

当网站的主题和结构确定之后，接下来就要确定网站中各个网页的具体内容和布局问题。大家可以用 Word 画表格或者纸上画草图的方式描述每个网页的内容布局，包括文本、图片、动画等。

在规划网页布局之前，建议多上网浏览，了解各网站的风格(主题图形形象、导航是否清晰，整体色调的搭配是否协调，主题是否突出等)、页面布局方式等。常见的网页布局的结构形式有以下几种，用户可以根据情况取长补短借鉴之。

（1）"T"字型布局。它是指页面顶部为横条网站标志+广告条，下方左面为主菜单，右面显示内容的布局，因为菜单条背景较深，整体效果类似英文字母"T"。这是网页设计中应用最广泛的一种布局方式。这种布局的优点是页面结构清晰，主次分明。是初学者最容易上手的布局方法。缺点是规矩呆板，如果细节色彩上不注意，很容易让人"看之无味"。

（2）"口"("国")字型布局。这是一个象形的说法，就是页面一般上下各有一个广告条，左面是主菜单，右面放友情链接等，中间是主要内容。这种布局的优点是充分利用版面，信息量大。缺点是页面拥挤，不够灵活。

（3）拐角型布局。这种结构与上一种只是形式上的区别，上面是标题及广告横幅，左侧是一窄列链接等，右列是很宽的正文，下面也是一些网站的辅助信息。在这种类型中，一种很常见的类型是最上面是标题及广告，左侧是导航链接。

（4）对称对比布局。顾名思义，采取左右或者上下对称的布局，一半深色，一半浅色，一般用于设计型站点。优点是视觉冲击力强，缺点是将两部分有机的结合比较困难。

（5）POP 布局。POP 引自广告术语，指页面布局像一张宣传海报，以一张精美图片作为页面的设计中心。常用于时尚类站点，如 ELLE.com。优点显而易见——漂亮吸引人。缺点就是速度慢，作为版面布局还是值得借鉴的。

（6）"三"型布局。这种布局多用于国外站点，国内用得不多。特点是页面上横向两条色块，将页面整体分割为三部分，色块中大多放广告条。

（7）标题正文型布局。这种类型即最上面是标题或类似的一些东西，下面是正文，如一些文章页面或注册页面等就是这种类。

（8）左右框架型布局。这是一种左右为分别两页的框架结构，一般左面是导航链接，有时最上面会有一个小的标题或标志，右面是正文。大部分的大型论坛都是这种结构，有一些企业网站也喜欢采用。这种类型结构非常清晰，一目了然。

举例来说，对于一个宠物用品网站来说，主要目的是宣传宠物用品和一些宠物知识，使顾客了解宠物及宠物用品，从而更好地保护自己的宠物或购买宠物商品，因此一个结构良好的网站布局，可以使用户有一目了然的感觉，从而搜索到自己所需的商品，产生购买欲。在第一种布局的基础上形成如图 6-24 所示的宠物用品网站主页。

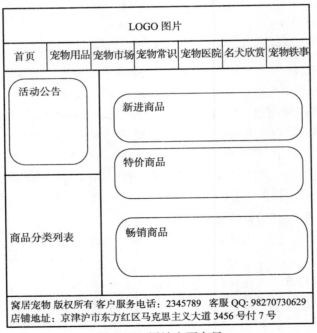

图 6-24　网站主页布局

为降低难度，该网站布局主要以静态页面为主。其中，"宠物用品"对应的页面是所有的宠物用品分类，其中有宠物食品、宠物服饰、宠物洗护。"宠物市场"介绍宠物当前的市场信息和行情。"宠物常识"向大家普及饲养宠物的注意事项。"宠物医院"向大家普及宠物常见疾病的防治知识。"名犬欣赏"则以图文并茂的形式介绍部分名贵的犬种。"宠物轶事"讲述宠物相关的逸闻趣事。页面左侧上半部分用来发布店铺近期的促销活动，左侧下半部分是商品分类列表。网页底部为版权页，显示店铺的地址以及联系方式等信息。

除网站主页之外，网站主页链接到的其他主要网页如表 6-1 所示。

表 6-1　网站的主要网页及其意义

网 页 文 件		网 页 内 容
Index.html		网站的主页（主界面）
宠物用品	Chongwushipin.html	该文档以图文方式列出了在售的宠物食品
	Chongwuxihu.html	该文档以图文方式列出了在售的宠物洗护用品
	Chonghufushi.html	该文档以图文方式列出了在售的宠物服饰
宠物市场	Chongwushichang.html	该文档以列表方式列出了搜集的宠物市场行情信息，每条信息对应一个网页文档
宠物常识	Chongwutiaoxuan.html	该文档介绍了如何挑选健康的宠物
	Shoushang.html	该文档介绍了宠物受伤时的一些急救方法
	Siyang.html	该文档介绍了宠物饲养的注意事项
宠物医院	Bingquanyinshi.html	该文档介绍了病犬饮食的注意事项
	Quyiyuan.html	该文档介绍了带病犬去医院的注意事项
	Weiyao.html	该文档介绍了如何给生病的狗狗喂药
名犬欣赏	Muyangquan.html	该文档介绍了世界名犬——德国牧羊犬
	Songshiquan.html	该文档介绍了世界名犬——松狮犬
	Jinmaoquan.html	该文档介绍了世界名犬——金毛猎犬
	Baixiongquan.html	该文档介绍了世界名犬——大白熊犬
宠物轶事	Congwuyishi.html	讲述宠物相关的逸闻趣事

2. 准备素材

网站规划和网页布局的问题解决之后，就要根据网页布局的需要搜集网页素材，其中包括网页中所需的图片、文本乃至背景音乐等。其中"宠物用品"的商品资料需要自行整理，其余的大部分信息可以去网上搜集。此外，网站主页的顶端有一个 Logo 广告条，可以是静态图片，也可以是动画（GIF 动画或 Flash 动画），由于这是网站的标志，需要单独设计制作。Logo 是站点的标志图案，Logo 最重要的就是用图形化的方式传递网站的信息，同时便于人们识别和记住该网站。

3. 创建站点

首先在本地硬盘上创建一个文件夹存放网站的所有文件，本实验在 D:盘新建文件夹，并命名为"House_pet"。然后启动 Dreamweaver 创建新站点，其中主要包括以下操作。

（1）启动 Dreamweaver，执行"站点"|"新建站点"命令，打开"站点定义"向导的第一个对话框，提示用户指定新建的站点名称和网址。在此指定站点名称为"窝居宠物用品店"，网址暂时为空。单击"下一步"按钮。

（2）在弹出的"站点定义"向导的第二个对话框提示用户选择要制作的网站是否使用 ASP 之类的动态服务器技术，在此制作的是静态网站，所以选择"否，我不想使用服务器技术"，单击"下一步"按钮。

（3）在弹出的"站点定义"向导的第三个对话框中选择刚刚新建的"House_pet"文件夹作为新建站点的主文件夹，所有与本站点相关的文件都存放在该文件夹或者其子文件夹下。设置完毕，单击"下一步"按钮。

（4）由于网站目前只在本地浏览，所以在弹出的"站点定义"向导的第四个对话框中将"如何连接到远程服务器"设置为"无"，单击"下一步"按钮。

（5）在弹出的"站点定义"向导的第五个对话框展示了之前所进行的站点定义信息供用户确认，确认无误即可单击"完成"按钮，完成站点的创建。

（6）站点创建完成后，在 Dreamweaver 窗口右侧的"文件"浮动面板中可以看到站点对应的文件夹。通过"文件"面板可以在该站点文件夹下建立网站中用到的子文件夹，用于存放网站素材，如在主文件夹下新建 image 文件夹，然后将网站中各网页所需的图片文件保存到该文件夹下。

4. 创建网页文件

依据之前进行的站点规划，按表 6-1 列出的"窝居宠物用品店"站点的网页文件清单，在新建站点下逐个创建对应文件名的空白网页。

（1）创建指定文件名的网页。选择"文件"|"新建"|"常规"|"基本页"|"HTML"命令，创建一个空白页面，系统默认的文件名为"Untitled-1.html"，按 Ctrl+S 组合键保存网页，在"另存为"对话框中将其改名为 index.html，保存到站点主文件夹下。

（2）设置网页标题。选择"修改"|"页面属性"命令，在打开的"页面属性"对话框中单击"标题/编码"，然后在"标题"文本框中输入主页的标题"欢迎访问窝居宠物用品店"，然后单击"确定"按钮，完成设置。

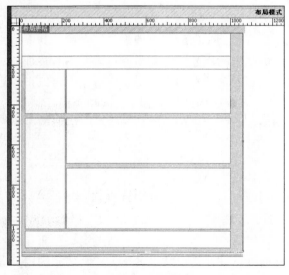

图 6-25　主页布局表格

（3）从"插入"工具栏左端的下拉列表中选择"布局"选项，然后单击工具栏上的"布局"按钮，切换到布局视图，此时"布局表格"和"布局单元格"按钮为可用状态。单击"布局表格"按钮，鼠标光标变为"十"字形，在页面上拖动绘制合适大小的布局表格，如在此表格宽度为 1024，高度 1200 左右，然后单击"布局单元格"按钮，按图 6-24 的布局设计样式在布局表格内绘制单元格。默认情况下，绘制的布局表格的外框为绿色，单元格的边框为蓝色，如图 6-25 所示。

（4）重复（1）～（3）的步骤，按指定的文件名创建其余的网页文件，将网页的标题设置为该网页的用途关键词，根据前期的规划来绘制各个网页的布局表格。

5. 编辑网页

实验到此，用户已经创建了网站所需要的全部空白网页，接下来的工作就是按照布局表格设定的模板向网页中填充内容。首先启动 Dreamweaver 将图片和文字素材添加到网页中，然后设置其格式等。其中主要包括以下操作。

（1）设置网页属性，主要包括页面颜色、背景图像、页面大小等内容。

（2）为了使网页中的文字和图片等内容排列整齐，建议先在布局单元格中添加边框为 0 的表格。

（3）向网页中添加图片：执行"插入"|"图像"命令，选择添加图片。

（4）向网页中添加 Flash 动画，执行"插入"|"媒体"|"Flash"命令将需要的 Flash 动画插入到页面的合适位置。

（5）添加网页背景音乐，需要的话，可以向网页中添加背景音乐。可以切换到"代码"视图状态，然后在网页代码中添加"<BGSOUND src="音乐文件地址" loop=infinite>"即可。例如，要将站点主文件夹下的音乐文件 rainbow.wma 添加到主页中作为背景音乐，则可以在主页的"代码"视图下添加如下代码：<BGSOUND src="rainbow.wma"loop=infinite> </BGSOUND>。

（6）给网页中的指定对象设置超链接。一个网站的所有网页都是通过超链接联系在一起成为一个有机的整体。一般将链接目标文件设置为相对路径，因为这样兼容性比较好，可移植。如果设置成绝对路径，当网站更换了文件夹后，链接就要重新修改，造成很大麻烦。

 提示

在网页上最常用的是宋体字。不要将特殊的字体加到列表中使用，如果网页浏览者的计算机上没有该字体，将造成网页显示异常。如果确实需要用特殊字体的话，可以将其做成图片后再使用。

在网页中输入空格的有效操作方法是把汉字输入中的"半角/全角"状态改为"全角"，然后按空格键。在网页上换行的正确操作方法是按 Shift+Enter 组合键，只按 Enter 键则为换段，即段落结束符。

完成网页内容的添加并进行必要的格式设置之后，一个完整的网页才算真正完成。图 6-26 所示为基本完成的"窝居宠物用品店"网站的主页片段。

图 6-26　网站主页片段

6. 测试网站

这是本实验的最后环节，将前面完成网站进行超链接测试和网页预览，测试网页链接是否正确，图片和文字是否能够正常显示，如果链接错误或者不能正常显示，重新设置超链接和重新设置格式属性。

第 7 章　多媒体技术

7.1　制作电子相册

7.1.1　实验目的

(1) 熟悉常用的图像获取方法；

(2) 掌握常用的图像处理技术；

(3) 掌握基本的音频素材采集与处理技术；

(4) 学会视频合成剪辑方法。

7.1.2　实验说明

制作电子相册的方式有很多种，常见的有多媒体应用程序开发式、Flash 动画制作式、视频合成加工式等。本实验主要使用 Windows 7 系统自带的视频制作工具 Windows 影音制作将一组图片合成为一段视频，然后再配上合适的音乐和字幕，最终生成一段有声有色、图文并茂的视频作品。

本实验可以分为五个步骤。第一步是主题构思，首先构思电子相册的主题，确定包含哪几部分内容，编写相册的大纲。第二步是素材搜集，将根据相册的主题大纲搜集或采集相关的一组图片和一个与之搭配的音乐文件，图片文件的数量为 10 个，音乐文件的播放时长为 3 分钟左右。第三步为素材加工，使用图片处理工具如 ACDSee 将采集到的图片文件进行加工处理，图片的大小与内容等方面都符合视频加工的素材要求。第四步进行视频加工合成，使用 Windows 影音制作视频制作工具将图片合成并为每张图片添加展示特效和过渡效果，在适当的时间点添加合适的字幕，然后再为合成的视频添加音乐文件。最后将制作完成的视频导出并转换为指定的格式，如 FLV。

7.1.3　实验内容

1. 主题构思，编写大纲

实验开始之前，同学们可以相互交流、开拓思路，然后结合自己的爱好特长确定制作电子相册的主题。主题的选择范围很宽，如我的大学生活、校运会、班级风采、宿舍风采、我的家乡、快乐的一家人等，这里以某大学举行的中德学生交流活动为主题。

主题确定之后，接下来就要围绕主题进行构思，考虑作品可以分为哪几个部分的内容，并将构思以提纲形式记录下来。主题构思的提纲包括作品分为哪几个部分、每部分包含的图片、声音(音乐)，持续时间和展示特效等信息。中德学生交流活动电子相册分为欢迎仪式、联合实验、课外活动、欢送晚宴四部分内容组成。其中每部分展示 20 张左右的图片，整个电子相册的封面和封底各一张字幕背景图片，四部分内容的开头各一张字幕背景图片，共计 86 张图片，每张图片展示 4 秒，总时间约 344 秒，视频画面的大小为 640×480。配乐部分主要采用世界著名电影音乐"友谊地久天长"，音频时长为 350 秒，基本与图片、字幕的展示总时长相当。

2. 获取素材

本环节的主要任务是按照电子相册主题的要求，进行图像和声音素材的获取。图像素材的获取途径主要包括数码相机拍摄、照片扫描、屏幕抓图、互联网图库下载等。其中百度、谷歌、必应等搜索网站都提供有图片搜索功能，可以输入关键词查找需要的图片。右击网页中的图片，在快捷菜单中选择"图片另存为"命令，即可将图片保存到本地计算机。这里选择的电子相册主题是发生在身边的中德学生交流活动，故图片素材的获取途径主要是数码相机拍摄。

声音素材的获取方式与图像素材的获取方式类似，可以通过自行录制、网上 MP3 下载等方式取得。这里需要的"友谊地久天长"音乐可以通过百度的 MP3 音乐搜索获取。

3. 图像素材加工处理

采集到的素材在大小、颜色、亮度、角度等方面都可能有不合要求的情况，所以需要使用 ACDSee 12 进行图片素材的加工处理，其中主要包括以下操作。

（1）使用 ACDSee 12 浏览图片素材，发现图片有曝光、亮度方面的问题，可以使用"自动曝光"按钮 ▨、"亮度"按钮 ▨、"色阶"按钮 ▨ 或者"阴影/高光"按钮 ▨ 进行调整。

（2）对于图片颜色有关的问题可以使用"色阶"按钮 ▨、"色偏"按钮 ▨、RGB 按钮 ▨、HSL 按钮 ▨、"灰度"按钮 ▨ 或者"红眼"按钮 ◉ 进行调整。

（3）发现图片有杂点等类似的瑕疵，可以使用"模糊蒙板"按钮 ▲、"消除杂点"按钮 ▨ 或者"相片修复"按钮 ✎ 进行处理。

（4）针对图片的倾斜问题可以使用"旋转"按钮 ▨ 进行调整。使用"效果"按钮 ▨ 可以对图片进行错位、负片、浮雕、刮风、漩涡、油画等几十种特效处理。

（5）由于最后制作的电子相册画面大小是 640×480，建议将宽度小于高度的图片进行裁剪处理。可以使用"裁剪"按钮 ▨ 将图片中的主要内容保留，其余部分去除，同时确保裁剪后的图片宽高比例为 4:3。

（6）最后切换到图 7-1 所示的图片浏览界面下，选中所有的图片素材，单击"批处理" | "调整大小"命令，将全部图片的大小都调整为 640×480。这里准备的素材包括 80 幅图片，首、尾图片和四部分内容的首页图片共计 86 幅。

4. 音像合成

此环节的主要工作是将所有图片素材添加到 Windows 影音制作的新项目中，然后设置图片动态效果、添加片头、片尾、字幕、音乐等内容完成电子相册的制作，其主要步骤如下。

（1）启动 Windows 7 中的"影音制作"软件，系统将自动创建一个新项目。

（2）单击素材合成区的"单击此处浏览视频和照片"选项打开"添加视频和照片"对话框

图 7-1　批量调整图像大小

提示用户添加视频或图片素材，在此将前期准备的图片素材分批加入到素材合成区中，一次可以导入同一个文件夹下的多个素材文件如图 7-2 所示。

图 7-2　添加图片素材

　　（3）右击素材合成区的图片，选择快捷菜单中的"全选"命令选中所有图片；在"编辑"选项卡中的"时长"下拉列表中设置所有图片的展示时长都为 4 秒。

　　（4）添加视觉效果。在"视觉效果"选项卡中可以设置素材的视觉效果，其中包括艺术、黑白、镜像、电影、动作和淡化等多种类别。首先选中要设置效果的图片，然后通过"视觉效果"选项卡中的下拉列表选择需要的效果，选中的效果可以即时在预览面板中进行预览，如图 7-3 所示；单击列表框底部的"多种效果"可以针对同一批图片设置多种效果。选中一个效果，然后单击"视觉效果"选项卡中的"全部应用"按钮，则所有素材都将应用当前效果。

图 7-3　添加视频效果

（5）添加视频过渡效果。同添加视频效果的方法类似，首先选中素材，然后在"动画"选项卡中的"过渡特技"下拉列表中选择合适的过渡动画效果，其中包括对角线、溶解、布局和形状、掀起、粉碎、扫掠和卷曲、擦除、电影、流行型等九大类几十种效果。选中的效果可以即时在预览面板中进行预览，如图 7-4 所示。在视频过渡效果下拉列表右侧的"时长"下拉列表中可以设置过渡动画的时长。单击"过渡特技"下拉列表右侧"全部应用"按钮，则所有素材都将应用当前过渡动画效果。

图 7-4　添加视频过渡效果

 提示

　　除了视频过渡效果之外，在"动画"选项卡中还可以设置平移和缩放动画，该动画可以持续图片展示的全过程，其中包括平移、放大和缩小三大类，如图 7-5 所示。单击"平移"和"缩放"下拉列表右侧"全部应用"按钮，则所有素材都将应用选中的平移和缩放动画效果。
　　（6）添加片头片尾。要添加片头，可以选定第 1 张图片，然后单击"开始"选项卡中的"片头"按钮，系统将在选中图片的前端增加一段片头，文本插入光标定位在字幕文本框中，用户可以修改系统默认的文本为需要的字幕内容，如图 7-6 所示。在"文本工具格式"选项

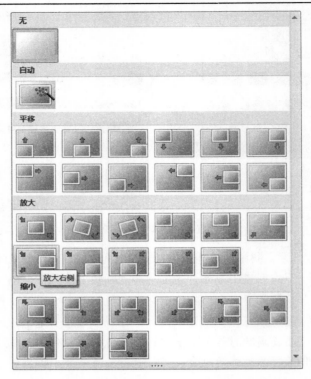

图 7-5　视频的平移缩放效果

卡中可以设置字幕文本的字体属性、段落属性、前景与背景颜色、透明度、字幕展示时长与开始时间等属性。此外还可以为字幕文本添加自选颜色和粗度的边框，最后在"效果"动画下拉列表中为字幕文本选择一个动画效果。添加片尾字幕的方法与此类同，整个字幕的添加过程中，随时可以在预览区看到设置的效果。

图 7-6　添加片头文本

提示

除了添加片头片尾操作之外，还可以在每张图片上添加描述性的文本。与增加片头片尾不同，系统在添加字幕文本时不再添加独立于图片的纯色背景。所以对添加的视频或图片"描述"不能够设置背景颜色。

（7）添加音乐信息。选择"开始"|"添加音乐"|"添加音乐"命令，系统弹出"添加音乐"对话框提示用户选择配乐文件，在此选择先前准备好的音乐文件"友谊地久天长.MP3"。该音乐文件自动添加至素材合成区的起始位置，若视频/图片的总长度小于音乐的长度，则音乐文件自动截取剩余部分使其与视频长度一致。若音乐的时间长度不够，则可以将素材合成区的位置指示器移动至音乐的末尾位置，选择"开始"|"添加音乐"|"在当前点添加音乐"命令继续添加新的音乐文件。

（8）预览合成的视频。至此，已经初步完成了视频的编辑合成工作，将素材合成区的位置指示器调整至起始位置，单击"视频编辑区"的"播放"按钮，预览合成的视频效果。发现不满意的地方可随时进行编辑修改。

5. 保存电子相册

这是本实验的最后环节，将制作的视频导出为 WMV 格式的文件。选择"开始"选项卡|"保存电影"|"计算机"命令，系统弹出"保存电影"对话框，提示用户设定输出的视频文件类型、保存到的位置以及文件名，系统默认的输出视频文件类型为 MP4，用户可以在对话框的"文件类型"下拉列表框中选择文件类型为 WMV，在此设定文件名为"中德交流纪实"，保存位置为"文档"下的 My Videos 中，设置完毕，单击"保存"按钮，系统将当前制作的电子相册视频以 WMV 格式保存在计算机中，此过程需要一帧一帧地渲染合成，所以耗费时间较长，如图 7-7 所示。

图 7-7　"正在保存电影"对话框

提示

Windows 影音制作软件生成的视频格式只有 MP4、WMV 两种，可以使用"格式工厂"等多媒体格式转换软件将 WMV 格式的视频转换为 FLV 或其他视频需要的格式。

7.2　制作七彩风车动画

7.2.1　实验目的

（1）理解 GIF 动画的制作原理；
（2）掌握 Office 自选图形的使用；
（3）熟悉 ULead GIF Animator 绘图工具的使用；
（4）掌握 ULead GIF Animator 动画制作方法。

7.2.2　实验说明

GIF 动画是目前最为常用的动画格式，因其具有制作简单、文件较小、适用性强等优点，在即时聊天表情动画和网页动画中具有不可替代的地位。本实验通过一个七彩风车 GIF 动画的制作使读者理解 GIF 动画的制作原理，回顾 Office 自选图形的使用，熟悉 ULead GIF Animator 绘图工具的使用，掌握 ULead GIF Animator 动画制作方法。

该动画的基本制作过程主要包含五个步骤，首先启动 Microsoft PowerPoint 2010 使用自选图形工具绘制一个花朵样的风车风轮，然后将绘制的图形复制到 ULead GIF Animator 中的新建对象中，使用 ULead GIF Animator 的绘图工具进行涂色和透明处理；第三步则按固定角度(如 45°)进行复制旋转该对象 7 次；第四步则创建若干个动画帧并顺序存放不同角度的自选图形；最后测试动画，设置合适的动画帧的时间间隔并导出动画。

7.2.3　实验内容

1. 绘制风车

(1) 启动 Microsoft PowerPoint 2010，选择"插入"|"形状"|"基本形状"中的"椭圆"工具，在一张空白幻灯片上绘制一个长宽比例接近于 3 的椭圆。

(2) 右击绘制的椭圆，选择快捷菜单中的"设置形状格式"命令，打开"设置形状格式"对话框，在对话框的"填充"设置框中可以设置椭圆的填充效果，这里所做的设置数据和椭圆的显示效果如图 7-8 所示。

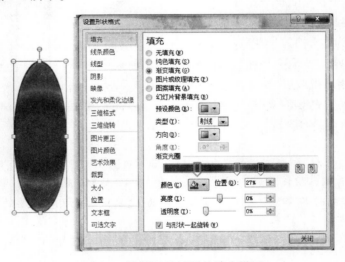

图 7-8　椭圆以及椭圆的填充设置

(3) 选中对话框左侧大纲栏中的"线条颜色"选项，设置"线条颜色"为无线条，去掉椭圆的轮廓线。设置完毕，单击对话框下方的"关闭"按钮关闭对话框。

(4) 选中绘制的椭圆，使用"复制"和"粘贴"操作将该椭圆复制为 3 个。调整 3 个椭圆的位置使 3 个椭圆完全重合。

（5）右击顶层的椭圆，选择快捷菜单中的"大小和位置"命令，打开"大小和位置"对话框，在"大小"选项卡中旋转的角度为 60°；使用同样的方法将第 2 个椭圆旋转 120°，风车的风轮绘制成功，如图 7-9 所示。

 提示

　　要精确调整图形对象的位置和大小，可以右击对象，选择快捷菜单中的"大小和位置"命令，分别在"大小"、"位置"选项卡中设置大小和位置数值。

图 7-9　绘制的风车风轮

2. 图形处理

（1）启动 Ulead GIF Animator 新建一个动画文件，系统默认有一个对象和一个动画帧。选择"编辑"|"画布大小"命令，设置画布大小为宽 200 像素、高 300 像素。

（2）在 Powerpoint 中拖动鼠标选中绘制的风轮图形，单击"复制"按钮或按 Ctrl+C 组合键将其复制到剪贴板。然后返回 Ulead GIF Animator 按 Ctrl+V 组合键将风轮图形粘贴到画布中，系统自动将该图形作为新增对象添加到对象管理器面板，默认对象名为 Obj-2。

（3）选择"工具面板"中的"变形工具"在画布中将风轮图形调整至合适大小，放置于画布上半部分居中的位置；调整白色背景对象 Obj-1 的大小与画布大小相同。

（4）使用"工具面板"中的"选择工具-魔术棒"选中风轮图形中的空白部分，按 Delete 键删除空白内容。

3. 复制图形对象并旋转

（1）选中"对象管理器"面板上的风轮图形对象，单击"对象面板"顶端的"复制对象工具"，新增了一个同样的对象 Obj-3，选择"工具"面板中的"变形工具"使风轮顺时针旋转 45°。

（2）重复第(1)步的操作复制 Obj-3 对象为 Obj-4，再次顺时针旋转 45°。类似的操作产生 Obj-5～Obj-9。

4. 添加动画帧

使用"帧"面板底部的"添加帧"按钮新增加 7 个帧，每个帧都显示 Obj-1 对象，此外，第 1 帧～第 8 帧显示分别依次显示 obj-2～Obj-9。

5. 调试并导出动画

单击"帧"面板底部的"播放动画"按钮，预览动画效果。如果感觉转速较慢，可以按下 Shift 键不放，单击第 1 帧和第 8 帧选中全部动画帧，然后执行"帧"|"帧属性"命令打开"画面帧属性"对话框，修改帧之间的延迟。

预览中发现风车少了支撑棒，在"对象管理器"面板中选中 Obj-1 对象，使用"工具"面板中的"画笔工具"画一个支撑棒，则所有帧中都有了支撑棒。

确认动画没有问题了，可以选中"文件"|"另存为"|"GIF 文件"命令以 GIF 格式输出动画文件。完成的动画如图 7-10 所示。

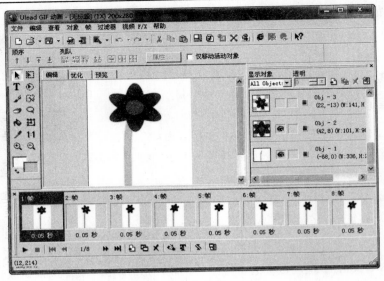

图 7-10　完成的动画

7.3　制作 Flash 动画

7.3.1　实验目的

(1) 掌握 Flash 软件的基本操作;

(2) 熟悉 Flash 常用绘图工具的使用;

(3) 掌握 Flash 中图形、按钮、视频剪辑元件的操作;

(4) 基本掌握 Flash 中声音素材的使用;

(5) 了解 Flash 交互脚本的使用。

图 7-11　拉小提琴的花

7.3.2　实验说明

本实验使用 Flash 软件制作一个随着音乐拉琴的花的动画,如图 7-11 所示。制作该动画可分为五个步骤,第一步使用绘图工具绘制花、花盆、小提琴等简单的图形元件;第二步制作相对复杂的"拉琴"视频剪辑元件和"钥匙"按钮元件;第三步依照声音素材的拉琴节奏在时间轴上摆放花朵、枝干、小提琴、琴弓图形元件、钥匙按钮元件和拉琴视频剪辑元件,生成需要的动画效果;第四步为动画添加指定的音乐文件;第五步添加交互脚本。

7.3.3　实验内容

1. 制作图形元件

（1）新建文件。启动 Flash CS3 软件，新建一个 Flash 文件（ActionScript 2.0），画面尺寸默认值（550×400 像素），背景颜色为白色、帧频为 12fps。

（2）在舞台上绘制桌子图形。双击时间轴的"图层 1"，将该层重命名为"桌子"。使用工具栏中的"矩形工具"在舞台底部依次画出两个无边框的横条，下边的横条颜色数值为"#984712"，高度为 40px，上边的横条颜色数值为"#F4D3A4"，高度约为 55px。桌子的效果如图 7-11 所示。

（3）绘制花朵图形元件。执行"插入"|"新建元件"命令，在打开的"创建新元件"对话框中设置元件名称为"花儿"，元件类型为"图形"，设置完毕，单击"确定"按钮转到图形元件编辑环境。

首先使用工具栏中的"椭圆工具"画出一个无边线的椭圆形花瓣，填充色数值为 #FF00FF"，椭圆的长宽比在 3:1 左右，然后使用工具栏"任意变形工具"选中该花瓣，拖动旋转的中心至花瓣的一端，按 Ctrl+T 组合键打开"变形"面板，设置旋转度数为 60，单击"变形"面板底部的"复制并应用变形"按钮 5 次即可生成 6 个花瓣的花朵形状。使用工具栏上的"椭圆工具"画出一个无边线的放射状渐变填充的圆形，渐变颜色数值分别为"#FF0000"、"#FF8080"。将圆形叠加于 6 个花瓣的中心作为花芯，做成的花朵如图 7-12 所示。

（4）绘制花盆图形元件。执行"插入"|"新建元件"命令，在打开的"创建新元件"对话框中设置元件名称为"花盆"，元件类型为"图形"，设置完毕，单击"确定"按钮转到图形元件编辑环境。

图 7-12　绘制的花

使用工具栏上的"矩形工具"画出一个边线为黑色、边线高度为 5 的矩形。使用"直线工具"画一条直线对矩形进行上下分割，使用"颜料桶工具"给上半部分和下半部分分别按颜色值为"#882400"、"#680000"进行填充。使用"选择工具"选中中间的直线，按 Delete 键将其删除。如有直线被删除的明显空白，则以两种填充色的其中之一填充。选中"任意变形工具"，然后单击矩形，按下 Ctrl 键拖动底部的两角调整为如图 7-13 所示的形状。

（5）绘制小提琴。执行"插入"|"新建元件"命令，在打开的"创建新元件"对话框中设置元件名称为"小提琴"，元件类型为"图形"，设置完毕，单击"确定"按钮转到图形元件编辑环境。

使用"刷子工具"、"颜料桶工具"、"选择工具"、"直线工具"等工具绘制如图 7-14 所示的"小提琴"图形元件。

2. 制作拉琴视频剪辑元件和钥匙按钮元件

（1）执行"插入"|"新建元件"命令，在打开的"创建新元件"对话框中设置元件名称为"拉琴"，元件类型为"视频剪辑"，设置完毕，单击"确定"按钮转到视频剪辑元件编辑环境。

图 7-13　绘制的花盆　　　　　图 7-14　绘制的小提琴

（2）按 Ctrl+L 组合键打开"库"面板，将当前图层改名为"花与花盆"，并将元件库中的"花儿"、"花盆"拖到该图层，调整它到合适的位置。单击选中时间轴上的第 50 帧，按 F5 键插入帧。使花与花盆在 1～50 帧之间都可见。

（3）单击时间轴上的"插入图层"按钮，在"花与花盆"图层之上增加一个图层，将该图层命名为"琴"。添加库中的"小提琴"元件到该图层，单击选中时间轴上该图层的第 50 帧，按 F5 键插入帧。使小提琴在 1～50 帧之间都可见。

（4）单击时间轴上的"插入图层"按钮，新增加一个图层，将该图层命名为"手臂"，并将该图层移动到底层。在该图层的第 1 帧使用"铅笔工具"绘制花的枝干部分和手臂。在"琴"图层上方增加一个图层，命名为"琴弓"，在该图层第 1 帧使用"直线工具"绘制一个琴弓，第 1 帧的整体效果如图 7-15 所示，这里称为"预备动作"。

分别选中"琴弓"和"手臂"两个图层的第 3 帧，按 F6 键添加关键帧，编辑新的琴弓和手臂效果如图 7-16 所示，这里称为"上弓动作"。

分别选中"琴弓"和"手臂"两个图层的第 5 帧，按 F6 键添加关键帧，编辑新的琴弓和手臂效果如图 7-17 所示，这里称为"下弓动作"。

图 7-15　预备动作　　　　图 7-16　上弓动作　　　　图 7-17　下弓动作

（5）重复进行以上操作，使第 1、24 帧整体效果为"预备动作"。第 3、7、11、17、29、32、26、42、49 各关键帧整体效果为"上弓动作"。第 5、9、13、21、30、34、38、46 各关键帧整体效果为"下弓动作"。完成的"拉琴"元件的时间轴如图 7-18 所示。

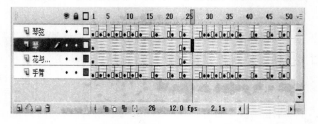

图 7-18　"拉琴"元件时间轴

（6）绘制钥匙按钮元件。执行"插入"|"新建元件"命令，在打开的"创建新元件"对话框中设置元件名称为"钥匙"，元件类型为"图形"，设置完毕，单击"确定"按钮转到按钮元件编辑环境。

分别在时间轴上的第 1 帧（弹起状态）和第 3 帧（按下状态）按 F6 快捷键设置关键帧。然后分别绘制钥匙按钮的两个状态如图 7-19 和图 7-20 所示。

图 7-19　钥匙按钮弹起状态　　　　　　图 7-20　钥匙按钮按下状态

3. 元件集成

（1）添加"主体"图层。双击打开"库"面板中的"拉琴"视频剪辑元件，选中元件中的"预备动作"整体效果包含的所有图形，按 Ctrl+C 组合键将其复制到剪贴板。按 Ctrl+E 组合键回到场景中，单击"时间轴"面板底部的"插入图层"按钮在"桌子"图层上方新建一个图层，重命名为"主体"。选中"主体"图层的第 1 帧，按 Ctrl+V 组合键将"预备动作"粘贴到舞台，执行"修改"|"组合"命令，将"预备动作"组合为一体。

（2）添加"开关"图层。单击"时间轴"面板底部的"插入图层"按钮新建一个图层，重命名为"开关"，将"开关"图层拖放到"主体"图层下方。选中"开关"图层的第 1 帧，从"库"面板中将"钥匙"元件拖放到舞台，调整"钥匙"元件与花盆之间的位置如图 7-11 所示。在"开关"图层的第 236 帧处按 F5 键插入帧，使"钥匙"元件在 1～236 帧都可见。

（3）添加"拉琴"元件。在"主体"层的第 8 帧处插入关键帧，添加元件"库"面板中的"拉琴"视频剪辑元件到场景中，调整位置使其与之前的图形重合。分别在"主体"层的第 58、91 帧处插入关键帧，将第 91 帧处的"拉琴"元件删除。

（4）制作花儿旋转放大的动画。按下 Alt 键拖动"主体"层的第 1～91 帧，将第 1 帧处的关键帧复制到第 91 帧处。在第 97 帧插入关键帧，右击该组合图形对象，选择快捷菜单中的"分离"命令将其分离为单个部件。右击"小提琴"图形，选择快捷菜单中的"排列"|"移至底层"命令改变"小提琴"的放置层次。在第 108 帧插入关键帧，内容与第 97 帧一样。

在第 103 帧插入关键帧，用"任意变形工具"旋转"花儿"元件 45 度左右，在第 115 帧插入关键帧，内容不变。在第 120 帧插入关键帧，按 Shift 键用"任意变形工具"等比例放大"花儿"元件至撑满舞台。按下 Alt 键拖动第 58～123 帧处，将第 58 帧处的关键帧复制到第 123 帧处，使花儿恢复至原来的大小。

（5）制作逐帧"拉琴"动画。在第 171 帧、197 帧处分别插入关键帧。第 201、205、213、221、229 帧处分别加入"上弓动作"图形并设置为关键帧。第 202、209、217、225 帧处分别加入"下弓动作"图形并设置为关键帧。第 232 帧加入"预备动作"图形并设置为关键帧。在第 236 帧处按 F5 键插入帧。

4. 加入音乐文件

在"主体"图层之上新增一个图层，重命名为"声音"。执行"文件"|"导入"|"导入

到库"命令，导入准备好的小提琴演奏音乐素材文件，在"库"面板中将其更名为"音乐"。选中"声音"图层的第 1 帧，在"属性"面板中的"声音"下拉列表中选择"音乐"，在该图层的第 236 帧处按 F5 键插入帧。则该图层从第 1～236 帧出现了声音的波形，表示声音播放的起止位置。

5. 添加脚本

（1）为第 1 帧添加脚本。右击"主体"图层的第 1 帧，在弹出的快捷菜单中选择"动作"命令打开"动作"面板，在该面板左侧函数分类列表栏中双击选择"全局函数"|"时间轴控制"下的"Stop"，系统自动将该函数脚本"Stop（）;"添加到右侧的脚本栏中。在第 1 帧添加"Stop（）;"脚本，其作用是动画播放到第 1 帧时停止播放。

（2）为"钥匙"按钮添加脚本。选中"开关"图层中的"钥匙"按钮元件，按 F9 键打开"动作"面板，在该面板中右侧的脚本栏中输入如图 7-21 所示的脚本。

图 7-21　为"钥匙"按钮添加脚本

该脚本的作用是，当用户单击该"钥匙"按钮释放鼠标按键时，继续播放动画。动画基本完成，按 Ctrl+S 组合键保存动画文件。按 Ctrl+Enter 组合键测试影片，最初播放时，动画播放窗口显示（第 1 帧）"预备动作"后暂停，如图 7-11 所示；单击"钥匙"按钮即可开始播放拉琴的动画和配乐，如图 7-22 所示。

图 7-22　动画播放效果

第8章 练 习 题

8.1 计算机基础知识

8.1.1 选择题

1. 第一台电子计算机是 1946 年在美国研制的，该机的英文缩写为（　　）。

   A）ENIAC
   B）IBM
   C）SUN
   D）HP

2. 电子计算机的发展已经历了四代，四代计算机的主要元器件分别是（　　）。

   A）电子管，晶体管，中、小规模集成电路，激光器件
   B）电子管，晶体管，中、小规模集成电路，大规模集成电路
   C）晶体管，中、小规模集成电路，激光器件，光介质
   D）电子管，数码管，中、小规模集成电路，激光器件

3. 第三代计算机采用的逻辑器件是（　　）。

   A）晶体管
   B）中、小规模集成电路
   C）大规模集成电路
   D）微处理器集成电路

4. 个人计算机属于（　　）。

   A）小巨型机
   B）小型计算机
   C）微型计算机
   D）小型工作站

5. 按照计算机应用的分类，模式识别属于（　　）。

   A）科学计算
   B）人工智能
   C）实时控制
   D）数据处理

6. 计算机的软件系统可分（　　）。

   A）程序和数据
   B）操作系统和语言处理系统
   C）程序、数据和文档
   D）系统软件和应用软件

7. 微机硬件系统最核心的部件是（　　）。

   A）内存储器
   B）输入设备
   C）输出设备
   D）CPU

8. 财务管理软件是一种（　　）。

   A）源程序
   B）操作规范
   C）应用软件
   D）系统软件

9. 微机在工作中，由于断电或突然"死机"，重新启动后则计算机（　　）中的信息将全部消失。

A）硬盘　　　　　　　　　　　　　B）RAM

C）ROM　　　　　　　　　　　　　D）RAM 和 ROM

10. CPU 主要由运算器和（　　　）组成。

A）控制器　　　　　　　　　　　　B）存储器

C）寄存器　　　　　　　　　　　　D）编辑器

11. 微型计算机中，ROM 的中文意思是（　　　）。

A）内存储器　　　　　　　　　B）随机存储器

C）只读存储器　　　　　　　　D）高速缓存

12. 将内存中的数据传送到计算机硬盘的过程，称为（　　　）。

A）显示　　　　　　　　　　　　　B）读盘

C）输入　　　　　　　　　　　　　D）写盘

13. 下列存储器中，存取速度最快的是（　　　）。

A）内存储器　　　　　　　　　B）光盘

C）硬盘　　　　　　　　　　　D）软盘

14. 若运行中突然掉电，则微机（　　　）会全部丢失。

A）ROM 和 RAM 中的信息　　　B）ROM 中的信息

C）RAM 中的数据和程序　　　　D）硬盘中的信息

15. CPU 的中文含义是（　　　）。

A）主机　　　　　　　　　　　B）中央处理器

C）运算器　　　　　　　　　　D）控制器

16. 一个完整的计算机系统应包括两大部分，它们是（　　　）。

A）主机和键盘　　　　　　　　B）主机和显示器

C）硬件系统和软件系统　　　　D）操作系统和应用软件

17. 组成微型计算机中央处理器的是（　　　）。

A）内存和控制器　　　　　　　B）内存和运算器

C）内存、控制器、运算器　　　D）控制器和运算器

18. 如果计算机在工作中突然断电，下列存储器中，信息全部丢失的将是（　　　）。

A）ROM　　　　　　　　　　　B）RAM

C）硬盘　　　　　　　　　　　D）U 盘

19. 组成微型计算机硬件系统的是（　　　）。

A）CPU、存储器、输入设备、输出设备

B）运算器、控制器、存储器、键盘、鼠标

C）CPU、键盘、软盘、显示器、打印机

D）CPU、外存、输入设备、输出设备

20. 微型计算机完成各种算术运算和逻辑运算的部件称为（　　　）。

A）控制器　　　　　　　　　　B）寄存器

C）运算器　　　　　　　　　　D）加法器

21. 下列存储介质中，CPU 能直接访问的是（   ）。
    A）内存储器   B）硬盘
    C）软盘   D）光盘

22. 第一代计算机使用的电子元件是（   ）。
    A）电子管   B）晶体管
    C）集成电路   D）超大规模集成电路

23. 第一代计算机所使用的计算机语言是（   ）。
    A）高级程序设计语言   B）机器语言
    C）数据库管理系统   D）BASIC

24. 巨型计算机指的是（   ）的计算机。
    A）体积大   B）重量大
    C）功能强   D）耗电量大

25. 二进制数 1100111101101 的十六进制数表示是（   ）。
    A）1E9CH   B）1CE1H
    C）19EDH   D）39E1H

26. 二进制数 1100101 的十进制数表示是（   ）。
    A）99   B）100
    C）101   D）102

27. 十六进制数 45D 的十进制数表示是（   ）。
    A）1067   B）1117
    C）1352   D）1332

28. 下列一组数据中最大的数是（   ）。
    A）531O   B）1DAH
    C）111010111B   D）432D

29. 十进制数 745 的十六进制的表示是（   ）。
    A）34AH   B）A12H
    C）2E9H   D）2CAH

30. 将十进制数 45 转换成二进制数是（   ）。
    A）100011B   B）101101B
    C）111101B   D）101011B

31. 计算机处理信息的最小单位是（   ）。
    A）字节   B）位
    C）字   D）字长

32. 在下列 4 个无符号十进制整数中，能用 8 个二进制数位表示的是（   ）。
    A）256   B）211
    C）345   D）396

33. 某编码方案用 10 位二进制数进行编码，最多可编（   ）个码。

A）1000   B）10

C）1024   D）256

34. 字符"a"的 ASCII 码为十进制数 97，那么字符"b"所对应的 16 进制数值是（　　）。

A）133O   B）1011101B

C）98D   D）62H

35. 在计算机中，一个字节由（　　）个二进制位组成。

A）2   B）4

C）8   D）10

36. 微机的常规内存储器的容量为 640KB，这里的 1KB 是（　　）。

A）1024 字节   B）1000 字节

C）1024 比特   D）1000 比特

37. 微型计算机的内存储器是（　　）。

A）按二进制位编址   B）按字节编址

C）按十进制位编址   D）按字长编址

38. 对于 R 进制数，在每一位上的数字可以有（　　）种。

A）R   B）$R-1$

C）$R+1$ D）$R/2$

39. 下列等式中，正确的是（　　）。

A）1KB = 1024 × 1024B   B）1MB = 1024B

C）1KB = 1024b   D）1MB = 1024 × 1024B

40. 与十进制数 100 等值的二进制数是（　　）。

A）0010011   B）1100100

C）1100010   D）1100110

41. 在计算机内部，信息的表现形式是（　　）。

A）ASCII 码   B）二进制码

C）拼音码   D）汉字内码

42. 下列字符中，其对应的 ASCII 码最大的字符是（　　）。

A）Z   B）a

C）D   D）9

43. 在微型计算机中，应用最广泛的字符编码是（　　）。

A）字形码   B）输入码

C）原码   D）ASCII 码

44. 一个计算机指令用来（　　）。

A）完成某个基本操作   B）规定计算机完成一个完整的任务

C）对数据进行运算   D）对计算机进行控制

45. 计算机的一条指令一般由（　　）组成。

A）地址和数据   B）操作码和地址码

　　　　C）国标码和机内码　　　　　　　　　　D）ASCII 码和国标码

46. 计算机指令中规定该指令执行功能的部分称为（　　）。

　　　　A）数据码　　　　　　　　　　　　　　B）操作码

　　　　C）源地址码　　　　　　　　　　　　　D）目标地址码

47. 控制器（单元）的基本功能是（　　）。

　　　　A）进行算术和逻辑运算　　　　　　　　B）存储各种控制信息

　　　　C）保持各种控制状态　　　　　　　　　D）控制计算机各部件协调一致地工作

48. 计算机的硬件主要包括：中央处理器（CPU）、存储器、输出设备和（　　）。

　　　　A）键盘　　　　　　　　　　　　　　　B）鼠标

　　　　C）输入设备　　　　　　　　　　　　　D）显示器

49. 下列各组设备中，完全属于外部设备的一组是（　　）。

　　　　A）内存储器、磁盘和打印机　　　　　　B）CPU、软盘驱动器和 RAM

　　　　C）CPU、显示器和键盘　　　　　　　　D）硬盘、软盘驱动器和键盘

50. RAM 的特点是（　　）。

　　　　A）断电后，存储在其内的数据将会丢失

　　　　B）存储在其内的数据将永久保存

　　　　C）用户只能读出数据，但不能随机写入数据

　　　　D）容量大但存取速度慢

51. 下列叙述中，正确的是（　　）。

　　　　A）CPU 能直接读取硬盘上的数据　　　B）CPU 能直接存取内存储器中的数据

　　　　C）CPU 由存储器和控制器组成　　　　D）CPU 主要用来存储程序和数据

52. 在计算机技术指标中，MIPS 用来描述计算机的（　　）。

　　　　A）运算速度　　　　　　　　　　　　　B）时钟主频

　　　　C）存储容量　　　　　　　　　　　　　D）字长

53. 下列 4 个选项中，正确的一项是（　　）。

　　　　A）存储一个汉字和存储一个英文字符占用的存储容量是相同的

　　　　B）微型计算机只能进行数值运算

　　　　C）计算机中数据的存储和处理都使用二进制

　　　　D）计算机中数据的输出和输入都使用二进制

54. 运算器的主要功能是（　　）。

　　　　A）实现算术运算和逻辑运算　　　　　　B）保存各种指令信息供其他部件使用

　　　　C）分析指令并进行译码　　　　　　　　D）按主频指标规定发出时钟脉冲

55. 已知 $a = (111101)_2$，$b = (3C)_{16}$，$c = 64$，则不等式（　　）成立。

　　　　A）$a < b < c$　　　　　　　　　　　　B）$b < a < c$

　　　　C）$b < c < a$　　　　　　　　　　　　D）$c < b < a$

56. 关于存储器的叙述中正确的是（　　）。

　　　　A）CPU 能直接访问内存中的数据，也能直接访问外存中的数据

　　　　B）CPU 不能直接访问内存中的数据，能直接访问外存中的数据

C) CPU 只能直接访问内存中的数据，不能直接访问外存中的数据

D) CPU 既不能直接访问内存中的数据，不能直接访问外存中的数据

57. 下列不是计算机外设的是（　　　）。

A）打印机　　　　　　　　　　　　B）中央处理器

C）键盘　　　　　　　　　　　　　D）磁盘

58. 配置高速缓冲存储器（Cache）是为了解决（　　　）。

A）内存与辅存之间速度不匹配问题

B）CPU 与辅存之间速度不匹配问题

C）CPU 与内存储器之间速度不匹配问题

D）主机与外设之间速度不匹配问题

59. 计算机辅助设计的英文缩写是（　　　）。

A）CAI　　　　　　　　　　　　　B）CAM

C）CAD　　　　　　　　　　　　　D）CAT

60. 计算机辅助教学的英文缩写是（　　　）。

A）CAI　　　　　　　　　　　　　B）CAM

C）CAD　　　　　　　　　　　　　D）CAE

61. 键盘是输入设备，通常分为（　　　）。

A）2 个键区　　　　　　　　　　　B）3 个键区

C）4 个键区　　　　　　　　　　　D）5 个键区

62. 使键盘输入大小写字母锁定，使用（　　　）键。

A）Shift　　　　　　　　　　　　　B）Alt

C）Home　　　　　　　　　　　　　D）Capslock

63. 要锁定小键盘（数字键盘），使用（　　　）键。

A）Shift　　　　　　　　　　　　　B）Alt

C）Capslock　　　　　　　　　　　D）Num lock

64. 正确击键时，左手食指主要负责的基本键位是（　　　）。

A）D　　　　　　　　　　　　　　　B）F

C）H　　　　　　　　　　　　　　　D）J

65. 正确击键时，（　　　）由两个大拇指负责。

A）空格键　　　　　　　　　　　　B）Enter 键

C）Shift 键　　　　　　　　　　　　D）Ctrl 键

66. 通用键盘 F 和 J 键上均有凸起，这两个键就是左右手（　　　）的位置。

A）拇指　　　　　　　　　　　　　B）食指

C）中指　　　　　　　　　　　　　D）无名指

8.1.2　填空题

1. 计算机按其规模、速度和功能等可分为：　_____、_____、_____、

_____、_____、_____。

2. 计算机的应用范围非常广泛，概括起来可以分为＿＿＿＿＿＿＿、＿＿＿＿＿＿＿、＿＿＿＿＿＿＿、＿＿＿＿＿＿＿、＿＿＿＿＿＿＿。

3. 世界上第一台全自动电子数字计算机于＿＿＿＿＿＿年在美国＿＿＿＿＿＿研制成功，该计算机一共使用了 18000 个＿＿＿＿＿＿，每秒可进行＿＿＿＿＿＿次加法运算。

4. 现代计算机的发展阶段主要是依据计算机所采用的电子器件的不同来划分的，分别是＿＿＿＿＿＿、＿＿＿＿＿＿、＿＿＿＿＿＿、＿＿＿＿＿＿。

5. 计算机的硬件系统由＿＿＿＿＿＿、＿＿＿＿＿＿、＿＿＿＿＿＿、＿＿＿＿＿＿、＿＿＿＿＿＿五部分组成。

6. CPU 中文名字是＿＿＿＿＿＿，它由＿＿＿＿＿＿、＿＿＿＿＿＿两部分组成。

7. 计算机科学是有史以来发展最快的学科，为了迎合社会对计算机不同层次的应用需求，计算机正朝着＿＿＿＿＿＿、＿＿＿＿＿＿、＿＿＿＿＿＿、＿＿＿＿＿＿方向发展。

8. 十进制数 76.75 转换成二进制数为＿＿＿＿＿＿。

9. 计算机中最常用的英文字符代码是＿＿＿＿＿＿，在计算机中，每个英文字符占用＿＿＿＿＿＿字节；每个汉字占用＿＿＿＿＿＿字节，1 字节由＿＿＿＿＿＿个二进制位组成。

10. 描述计算机效率的性能指标有＿＿＿＿＿＿、＿＿＿＿＿＿、＿＿＿＿＿＿和＿＿＿＿＿＿。

11. 主存储器可分为＿＿＿＿＿＿和＿＿＿＿＿＿，其中＿＿＿＿＿＿中的内容断电后仍存在，＿＿＿＿＿＿中的内容可写入。

12. 辅助存储器又叫做＿＿＿＿＿＿，常用的辅助存储器有＿＿＿＿＿＿、＿＿＿＿＿＿和＿＿＿＿＿＿。

8.2 操 作 系 统

8.2.1 选择题

1. 下面正确的说法是（   ）。
   A）Windows 7 是美国微软公司的产品
   B）Windows 7 是美国 COMPAQ 公司的产品
   C）Windows 7 是美国 IBM 公司的产品
   D）Windows 7 是美国 HP 公司的产品

2. 下列软件中不是操作系统的是（   ）。
   A）WPS   B）Windows 7
   C）DOS   D）UNIX

3. 在 Windows 7 安装完成后，桌面上一定会有的图标是（   ）。
   A）Word   B）计算机
   C）控制面板   D）资源管理器

4. 由于突然停电原因造成 Windows 操作系统非正常关闭，那么（   ）。
   A）再次开机启动时，必须修改 CMOS 设定

B）再次开机启动时，必须使用软盘启动盘，系统才能进入正常状态

C）再次开机启动时，大多数情况下系统自动修复由停电造成损坏的程序

D）再次开机启动时，系统只能进入 DOS 操作系统

5. 关于 Windows 7 的任务栏，错误的说法是（　　）。

A）任务栏可以水平放置在屏幕的底部和顶部

B）任务栏可以垂直放置在屏幕的左侧和右侧

C）任务栏属性可以改变

D）任务栏只能显示，不能隐藏

6. Windows 7 中下列关于关闭窗口的叙述，错误的是（　　）。

A）用控制菜单中的关闭命令可关闭窗口

B）关闭应用程序窗口，其对应的应用程序运行结束

C）关闭应用程序窗口，则任务栏上其对应的任务按钮从凹变凸

D）按 Alt+F4 键，可关闭应用程序窗口

7. 在 Windows 中，用户同时打开的多个窗口可以层叠式或平铺式排列，要想改变窗口的排列方式，应进行的操作是（　　）。

A）右击"任务栏"空白处，然后在弹出的快捷菜单中选取要排列的方式

B）右击桌面空白处，然后在弹出的快捷菜单中选取要排列的方式

C）先打开"资源管理器"窗口，选择其中的"查看"菜单下的"排列图标"项

D）先打开"计算机"窗口，选择其中的"查看"菜单下的"排列图标"项

8. 在 Windows 中，对同时打开的多个窗口进行层叠式排列，这些窗口的显著特点是（　　）。

A）每个窗口的内容全部可见　　　　B）每个窗口的标题栏全部可见

C）部分窗口的标题栏不可见　　　　D）每个窗口的部分标题栏可见

9. 在 Windows 7 默认状态下，在多个窗口之间进行切换的组合键是（　　）。

A）Alt+Tab　　　　　　　　　　B）Ctrl+Tab

C）Ctrl+F6　　　　　　　　　　D）Alt+F6

10. Windows 7 中，下列关于"任务"的说法，错误的是（　　）。

A）只有一个前台任务

B）可以将前台任务变成后台任务

C）如果不将后台任务变为前台任务，则它不可能完成

D）可以有多个后台任务

11. 在 Windows 中，下列哪一个方法能较好地关闭没有响应的程序（　　）。

A）按 Ctrl+Alt+Del 键，然后选择"结束任务"结束该程序的运行

B）按 Ctrl+Del 键，然后选择"结束任务"结束该程序的运行

C）按 Alt+Del 键，然后选择"结束任务"结束该程序的运行

D）直接 Reset 计算机结束该程序的运行

12. 在 Windows 7 窗口中，选择带括号的字母菜单项，可按（　　）键配合此字母快速选中。

A）Alt   B）Ctrl

C）Shift   D）Esc

13. 在 Windows 中，能改变窗口大小的操作是（   ）。

    A）将鼠标指针指向菜单栏，拖动鼠标

    B）将鼠标指针指向边框，拖动鼠标

    C）将鼠标指针指向标题栏，拖动鼠标

    D）将鼠标指针指向任何位置，拖动鼠标

14. 将鼠标指针移到窗口的（   ）上拖动才可以移动窗口。

    A）工具栏   B）标题栏

    C）状态栏   D）编辑栏

15. 选中命令项右边带省略号（…）的菜单命令，将会出现（   ）。

    A）若干个子命令   B）当前无效

    C）另一个文档窗口   D）对话框

16. 窗口菜单命令项右边带有"▶"的命令，表示该命令项（   ）。

    A）有若干个子命令   B）当前无效

    C）已选中   D）会出现对话框

17. 对话框中的"◉"表示（   ）。

    A）选项卡   B）复选框

    C）单选按钮   D）命令按钮

18. 对话框中的"☑"表示（   ）。

    A）选项卡   B）复选框

    C）单选按钮   D）命令按钮

19. 在 Windows 中退出应用程序的方法，错误的是（   ）。

    A）双击控制菜单按钮   B）单击"关闭"按钮

    C）单击"最小化"按钮   D）按 Alt+F4 键

20. 在 Windows 操作中，若鼠标指针变成了"沙漏"形状，则表示（   ）。

    A）Windows 正在执行某一任务，请用户稍等

    B）可以改变窗口大小

    C）可以改变窗口位置

    D）鼠标光标所在位置可以从键盘输入文本

21. 关于滚动条，下述哪些说法是错误的（   ）。

    A）当窗口工作区容纳不下要显示的内容时，就会出现滚动条

    B）同一窗口中可同时出现垂直滚动条和水平滚动条

    C）滚动块的位置反映窗口信息所在的相对位置，滚动块的长短表示窗口信息占全部信息的比例

    D）滚动条可以通过设置取消

22. Windows 的文件夹组织结构是一种（   ）。

  A）表格结构   B）树形结构

  C）网状结构   D）线性结构

23. 绝对路径是从（　　）开始查找的路径。

  A）当前目录   B）子目录

  C）根目录   D）DOS 目录

24. Windows 中，不含资源管理器命令的快捷菜单是（　　）。

  A）右击"计算机"图标，弹出的快捷菜单

  B）右击"回收站"图标，弹出的快捷菜单

  C）右击桌面任一空白位置，弹出的快捷菜单

  D）右击"计算机"文件夹窗口内的任一驱动器，弹出的快捷菜单

25. 在 Windows 7 中，打开"资源管理器"窗口后，要改变文件或文件夹的显示方式，应选用（　　）。

  A）"文件"菜单   B）"编辑"菜单

  C）"查看"菜单   D）"帮助"菜单

26. 在 Windows 7 的"资源管理器"窗口中，若希望显示文件的名称、类型、大小等信息，则应该选择"查看"菜单中的（　　）。

  A）列表   B）详细资料

  C）小图标   D）大图标

27. 在 Windows 7 的"资源管理器"窗口右部选定所有文件，如果要取消其中几个文件的选定，应进行的操作是（　　）。

  A）依次单击各个要取消选定的文件

  B）按住 Ctrl 键，再依次单击各个要取消选定的文件

  C）按住 Shift 键，再依次单击各个要取消选定的文件

  D）依次单击各个要取消选定的文件

28. 在 Windows 窗口中要对所选定的文件或文件夹进行改名，不可以使用下列哪种方法（　　）。

  A）右击鼠标从弹出的快捷菜单中选择"重命名"命令

  B）从窗口上方的菜单栏中选择"编辑"|"重命名"命令

  C）从窗口上方的菜单栏中选择"文件"|"重命名"命令

  D）再次单击所选定的文件或文件夹名称处，重新输入新名称

29. 当在资源管理器的"编辑"菜单中使用了"反向选择"命令后，其正确的描述是（　　）。

  A）文件从下到上选择

  B）文件从右到左选择

  C）选中的文件变为不选中，不选中的文件反而选中

  D）所有文件全部逆向显示

30. 在 Windows 操作系统中，可以（　　）。

  A）在根目录下允许建立多个同名的文件或文件夹

B）同一文件夹中可以建立两个同名的文件或文件夹

C）在不同的文件夹中不允许建立两个同名的文件或文件夹

D）同一文件夹中不允许建立两个同名的文件或文件夹

31. 在 Windows 7 中，哪两个文件不能放在同一个文件夹中（　　）。

    A）ABC.COM 与 abc.com　　　　　　　B）abc.com 与 abc.exe

    C）abc.com 与 abc　　　　　　　　　　D）abc.com 与 aaa.com

32. 在 Windows 7 中，各个输入法之间切换，应按（　　）键。

    A）Shift+空格　　　　　　　　　　　　B）Ctrl+空格

    C）Ctrl+Shift　　　　　　　　　　　　D）Alt+Enter

33. 在资源管理器的文件夹框中，带"+"的文件夹图标表示该文件夹（　　）。

    A）不能展开　　　　　　　　　　　　　B）可以包含更多的文件和子文件夹

    C）包含文件　　　　　　　　　　　　　D）包含子文件夹

34. 在资源管理器中，如果要同时选定相邻的一组文件，可使用（　　）键。

    A）Shift　　　　　　　　　　　　　　　B）Alt

    C）Ctrl　　　　　　　　　　　　　　　　D）F8

35. 在资源管理器中，如果要同时选定不相邻的多个文件，可使用（　　）键。

    A）Ctrl　　　　　　　　　　　　　　　　B）Alt

    C）Shift　　　　　　　　　　　　　　　D）F1

36. 在 Windows 7 中，同一驱动器内复制文件时可使用的鼠标操作是（　　）。

    A）拖曳　　　　　　　　　　　　　　　B）Shift+拖曳

    C）Alt+拖曳　　　　　　　　　　　　　D）Ctrl+拖曳

37. 在 Windows 的"回收站"中，存放的（　　）。

    A）只能是硬盘上被删除的文件或文件夹

    B）只能是软盘上被删除的文件或文件夹

    C）可以是硬盘或软盘上被删除的文件或文件夹件或文件夹

    D）可以是所有外存储器中被删除的文件或文件夹

38. 在资源管理器中删除硬盘上的文件后，错误的说法是（　　）。

    A）文件放在"回收站"中了

    B）文件从磁盘中真正的删除了，无法恢复

    C）用户可以从"回收站"中恢复被删除的文件

    D）一旦"回收站"被清空，被删除的文件就无法恢复。

39. 在 Windows 中删除文件的同时按下（　　）键，删除的文件将不送入回收站而直接从
硬盘删除。

    A）Ctrl　　　　　　　　　　　　　　　B）Alt

    C）Shift　　　　　　　　　　　　　　　D）F1

40. Windows 桌面上有多个图标，左下角有一个小箭头的图标是（　　）图标。

    A）文件　　　　　　　　　　　　　　　B）程序项

　　　C）文件夹　　　　　　　　　　　　　D）快捷方式

41. 下列有关快捷方式的叙述，错误的是（　　　）。

　　　A）快捷方式改变程序或文档在磁盘上的存放位置

　　　B）快捷方式提供了对常用程序和文档的访问捷径

　　　C）快捷方式图标的左下角有一个小箭头

　　　D）删除快捷方式下不会对原程序或文档产生影响

42. 在 Windows 7 中，为保护文件不被修改，可将它的属性设置为（　　　）。

　　　A）只读　　　　　　　　　　　　　　B）存档

　　　C）隐藏　　　　　　　　　　　　　　D）系统

43. 在 Windows 7 中，利用"查找"窗口，不能用于文件查找的选项是（　　　）。

　　　A）文件属性　　　　　　　　　　　　B）文件大小

　　　C）文件名称和位置　　　　　　　　　D）文件有关日期

44. 剪贴板是（　　　）。

　　　A）内存中的一块区域　　　　　　　　B）硬盘中的一块区域

　　　C）软盘中的一块区域　　　　　　　　D）光盘中的一块区域

45. 在某一文档中连续进行了多次剪切操作，则关闭了该文档后，剪贴板中存放的是（　　　）。

　　　A）第一次剪切的内容　　　　　　　　B）最后一次剪切的内容

　　　C）所有剪切的内容　　　　　　　　　D）空白

46. 进行粘贴操作以后，剪贴板中的内容（　　　）。

　　　A）空白　　　　　　　　　　　　　　B）不变

　　　C）被清除　　　　　　　　　　　　　D）增加

47. Windows 7 中，可以打开"开始"菜单的组合键是（　　　）。

　　　A）Alt+Esc　　　　　　　　　　　　B）Ctrl+Esc

　　　C）Tab+Esc　　　　　　　　　　　　D）Shift+Esc

48. Windows 7 中，按 PrintScreen 键，则使整个桌面内容（　　　）。

　　　A）打印到打印纸上　　　　　　　　　B）打印到指定文件

　　　C）复制到指定文件　　　　　　　　　D）复制到剪贴板

49. 运行磁盘碎片整理程序可以（　　　）。

　　　A）增加磁盘的存储空间　　　　　　　B）找回丢失的文件碎片

　　　C）加快文件的读写速度　　　　　　　D）修复损坏的磁盘

50. 如果要彻底删除系统中已安装的应用软件，正确的方法是（　　　）。

　　　A）直接找到该文件或文件夹进行删除操作

　　　B）利用控制面板中的"添加/删除程序"项进行操作

　　　C）删除该文件及快捷图标

　　　D）对磁盘进行碎片整理操作

51. Windows 7 中，设置、控制计算机硬件配置和修改桌面布局的应用程序是（　　　）。

A）Word   B）Excel

C）资源管理器   D）控制面板

52. 在 Windows 7 中可以对系统日期或时间进行设置，下述哪个（   ）是不正确的途径。

    A）利用控制面板中的"日期/时间"

    B）右击桌面空白处，在弹出的快捷菜单中选择"调整日期/时间"命令

    C）右击任务栏通知区域的时间指示器，在弹出的快捷菜单中选择"调整日期/时间"命令

    D）双击任务栏最右端上的时间指示器

53. 要想改变屏幕保护设置，可双击"控制面板"窗口中的（   ）。

    A）显示图标   B）显示器图标

    C）背景图标   D）系统图标

54. 如果设置了屏幕保护程序，用户在一段时间（   ），Windows 将启动执行屏幕保护程序。

    A）没有使用打印机   B）既没有按键盘，也没有移动鼠标器

    C）没有按键盘   D）没有移动鼠标器

55. 下列程序不属于附件的是（   ）。

    A）计算器   B）记事本

    C）网上邻居   D）画图

56. 在 Windows 7 中，"记事本"生成（   ）类型的文件。

    A）TXT   B）PCX

    C）DOC   D）JPEG

57. 有关 Windows 写字板的正确说法有（   ）。

    A）可以保存为纯文本文件   B）可以保存为 Word 文档

    C）不可以改变字体大小   D）无法插入图片

58. Windows 中自带的网络浏览器是（   ）。

    A）NETSCAPE   B）Internet Explorer

    C）CUTFTP   D）HOT-MAIL

8.2.2 填空题

1. 计算机中系统软件的核心是_____，它主要用来控制和管理计算机的所有软硬件资源。

2. 操作系统的重要功能包括_____、存储器管理、设备管理、文件管理和提供用户接口。

3. Windows 7 的整个显示屏幕称为_____。

4. 双击窗口的_____可将窗口最大化/还原。

5. 当用户打开一个窗口或启动一个应用程序时，在_____里会显示一个相应的代表该窗口或程序的"应用程序按钮"，单击该按钮，可以在不同的窗口或程序之间进行切换。

6. 在 Windows 的窗口中，为了使具有系统和隐藏属性的文件或文件夹不显示出来，首先应进行的操作是选择_____菜单中的"文件夹选项"命令。

7. 选中文件夹中全部文件的快捷键是_____。

8. 在查找文件或文件夹时，可以用通配符(*)、(?)，分别表示_____、_____。

9. 如果要查找所有以字母 VS 开头的文件，那么应该在查找命令下的对话框中键入_____。

10. 在 Windows 的"回收站"窗口中，要想恢复选定的文件或文件夹，可以使用"文件"菜单中的_____命令。

11. 文件夹中共 6 个对象，在按下 Shift 键的同时，依次单击第 1、3、5 个对象，最后所选定的对象个数为_____。

12. 要利用资源管理器实现文件在两个驱动器之间的移动，可在按下_____键的同时拖动文件到目的地，即可实现文件的移动。

13. 使用_____键可以把当前窗口的内容送到剪贴板。

14. 复制的快捷键是_____，粘贴的快捷键是_____。

15. 撤销上一次操作的快捷键是_____。

16. 用于切换中英文输入法的快捷键是_____。

17. Windows 7 自带的只能处理纯文本的文字编辑工具是_____。

18. 在记事本中编辑文档时，按键盘上的_____键删除插入点左边(前边)的字符。

19. 在记事本中编辑文档时，按键盘上的_____键删除插入点右边(后边)的字符。

20. _____是 Windows 提供的一个图像处理软件，我们可以通过它绘制一些简单的图形。

21. 使用 Windows 录音机录制的声音文件的默认扩展名是_____。

8.3　Word 2010 文字处理

8.3.1　选择题

1. Word 2010 属于(　　)。
   A) 高级语言　　　　　　　　　　B) 操作系统
   C) 语言处理软件　　　　　　　　D) 应用软件

2. Word 2010 具有的功能是(　　)。
   A) 表格处理　　　　　　　　　　B) 绘制图形
   C) 自动更正　　　　　　　　　　D) 以上三项都是

3. Word 2010 文档的默认文件扩展名是(　　)。
   A) docx　　　　　　　　　　　　B) dot
   C) doc　　　　　　　　　　　　D) bmp

4. Word 2010 的功能区有 (　　)个基本选项卡。

A）5   B）6

C）7   D）8

5. 对于没有执行过存盘命令的文档，第一次执行保存命令时，将显示（ ）对话框。

 A）保存   B）另存为

 C）打开   D）新建

6. 在 Word 中，当前已打开一个文件，若想打开另一文件（ ）。

 A）首先关闭原来的文件，才能打开新文件

 B）打开新文件时，系统会自动关闭原文件

 C）两个文件可以同时打开

 D）新文件的内容将会加入原来打开的文件

7. 在 Word 中，打开了文档 w1.docx，修改后另存为 w2.docx，则文档 w1.docx（ ）。

 A）被文档 w2.docx 覆盖   B）被修改未关闭

 C）被修改并关闭   D）未修改被关闭

8. Word 文本编辑中，文字的输入有插入和改写两种方式，利用键盘上的（ ）键可以在插入和改写两种状态下切换。

 A）Ctrl   B）Delete

 C）Insert   D）Shift

9. 下列视图中，（ ）不属于 Word 2010 的视图。

 A）页面   B）普通

 C）母版   D）大纲

10. 在 Word 编辑状态下，对于选定的文字（ ）。

 A）可以移动，不可以复制   B）可以复制，不可以移动

 C）可以进行移动或复制   D）可以同时进行移动和复制

11. 在 Word 中，若将光标快速移到前一处编辑位置，可以（ ）。

 A）单击垂直滚动条上的按钮   B）单击水平滚动条上的按钮

 C）Shift+F5   D）Ctrl+Home

12. 在 Word 中，下列快捷键的组合错误的是（ ）。

 A）剪切：Ctrl+X   B）粘贴：Ctrl+C

 C）保存：Ctrl+S   D）打开：Ctrl+O

13. 在 Word 中，文本被剪切后，它被保存在（ ）。

 A）临时文档   B）自己新建的文档

 C）剪贴板   D）硬盘

14. 在 Word 中复制文本时，选定要复制的文本，按下（ ）键，再鼠标拖动到插入点。随后，先放开鼠标左键，再放开该键。

 A）Ctrl   B）Shift

 C）Alt   D）Tab

15. 在 Word 中进行文本移动操作，下面说法不正确的是（ ）。

A) 文本被移动到新位置后，原位置的文本不存在

B) 文本移动操作首先要选定文本

C) 可以使用"剪切"、"粘贴"命令完成文本移动操作

D) 在使用"剪切"、"粘贴"命令进行文本移动时，被"剪切"的内容只能"粘贴"一次

16. 在 Word 文档窗口中，当"开始"选项卡上"剪贴板"组中的"剪切"和"复制"命令项呈浅灰色而不能被选择时，表示的是（　　）。

A) 选定的文档内容太长，剪贴板放不下

B) 剪贴板里已经有信息了

C) 在文档中没有选定任何信息

D) 正在编辑的内容是页眉或页脚

17. 在 Word 默认状态下，将鼠标指针移到某行行首空白处（文本选定区），此时双击鼠标左键，则（　　）。

A) 该行被选定　　　　　　　　B) 该行的下一行被选定

C) 该行所在的段落被选定　　　 D) 全文被选定

18. 在 Word 编辑状态下，不能选定整篇文档的操作是（　　）。

A) 将鼠标指针移到文本选定区，三击鼠标左键

B) 使用快捷键 Ctrl+A

C) 鼠标指针移到文本选定区，按住 Ctrl 键的同时单击左键

D) 将鼠标指针移到文本的编辑区，三击鼠标左键

19. 在 Word 默认状态下，按住（　　）键单击句中任意位置，可选中这一句。

A) 左 Shift　　　　　　　　　　B) 右 Shift

C) Ctrl　　　　　　　　　　　　D) Alt

20. 在 Word 中，如果要选定较长的文档内容。可先将光标定位于其起始位置，再按住（　　）键，单击其结束位置即可。

A) Ins　　　　　　　　　　　　B) Shift

C) Ctrl　　　　　　　　　　　　D) Alt

21. 在 Word 的编辑状态，当前编辑文档中的字体全是宋体字，选择了一段文字使之成反显状，先设定了楷体，又设定了仿宋体，则（　　）。

A) 文档全文都是楷体　　　　　 B) 被选择的内容仍为宋体

C) 被选择的内容变为仿宋体　　 D) 文档的全部文字的字体不变

22. 在 Word 2010 的编辑状态，要将当前编辑文档的标题设置为居中格式，应先将插入点移到该标题上，再单击"开始"选项卡上"段落"组中的（　　）。

A) 匀齐　　　　　　　　　　　　B) 左对齐

C) 居中　　　　　　　　　　　　D) 右对齐

23. 在 Word 2010 的"字体"对话框中，可以设定文本的（　　）。

A) 缩进、字符间距　　　　　　 B) 行距、对齐方式

C) 颜色、上标   D) 字号、对齐方式

24. 在 Word 2010 中段落格式的设置包括（　　）。

    A) 首行缩进   B) 居中对齐

    C) 行间距   D) 以上都对

25. 在 Word 2010 中，要使文档各段落的第 1 行左边空出两个汉字位，可以对文档的各段落进行（　　）。

    A) 首行缩进   B) 悬挂缩进

    C) 左缩进   D) 右缩进

26. 在 Word 中，不缩进段落的第 1 行，而缩进其余的行，是指（　　）。

    A) 首行缩进   B) 悬挂缩进

    C) 左缩进   D) 右缩进

27. 在 Word 中的查找和替换功能里，以下（　　）是可以用查找功能查找的。

    A) 段落标记   B) 表格

    C) 网格线   D) 标尺

28. 下列有关 Word 格式刷的叙述中，正确的是（　　）。

    A) 格式刷只能复制纯文本的内容

    B) 格式刷只能复制字体格式

    C) 格式刷只能复制段落格式

    D) 格式刷既可以复制字体格式也可以复制段落格式

29. 在 Word 中，下述关于分栏操作的说法，正确的是（　　）。

    A) 只能对整篇文档进行分栏

    B) 只有在打印预览和页面视图下才可看到分栏效果

    C) 设置的各栏宽度和间距与页面宽度无关

    D) 栏与栏之间不可以设置分隔线

30. 在 Word 中，如果想在某一个页面没有写满的情况下强行分页，可以插入（　　）。

    A) 项目符号   B) 边框

    C) 分页符   D) 换行符

31. 为了要使用标尺准确地确定制表位，可以拖动水平标尺上的制表符图标调整其位置，如果拖动的时候按住（　　）键，便可以看到精确的位置数据。

    A) Ctrl   B) Alt

    C) Esc   D) Shift

32. 从一个制表位跳到下一个制表位，应按（　　）键。

    A) Enter   B) 向右箭头

    C) 对齐方式   D) Tab

33. 在 Word 表格中，下列公式正确的是（　　）。

    A) LEFT（　）   B) SUM（ABOVE）

    C) =SUM（LEFT）   D) ABOVE

34. 在 Word 编辑状态下，要统计文档的字数，需要使用的选项卡是(　　)。
    A)"开始"选项卡　　　　　　　　B)"页面布局"选项卡
    C)"引用"选项卡　　　　　　　　D)"审阅"选项卡

35. 要同时在屏幕上显示一个文档的不同部分，可以使用(　　)功能。
    A)重排窗口　　　　　　　　　　B)全屏显示
    C)拆分窗口　　　　　　　　　　D)页面设置

36. 下列关于 Word 的功能说法错误的是(　　)。
    A)可以进行拼写和语法检查
    B)在查找和替换字符串时，可以区分大小写，但目前不能区分全角半角
    C)能以不同的比例显示文档
    D)可以自动保存文件，间隔时间由用户设定

37. 在 Word 的表格操作中，改变表格的行高与列宽可用鼠标操作，方法是(　　)。
    A)当鼠标指针在表格线上变为双箭头形状时拖动鼠标
    B)双击表格线
    C)单击表格线
    D)单击"拆分单元格"按钮

38. 在 Word 编辑状态下，若光标位于表格外右侧的行尾处，按 Enter(回车)键，结果(　　)。
    A)光标移到下一列　　　　　　　B)光标移到下一行，表格行数不变
    C)插入一行，表格行数改变　　　D)在本单元格内换行，表格行数不变

39. 对于 Word 中表格的叙述，正确的是(　　)。
    A)不能删除表格中的单元格　　　B)表格中的文本只能垂直居中
    C)可以对表格中的数据排序　　　D)不可以对表格中的数据进行公式计算

40. 在 Word 表格中，如果将两个单元格合并，原有两个单元格的内容(　　)。
    A)不合并　　　　　　　　　　　B)完全合并
    C)部分合并　　　　　　　　　　D)有条件地合并

41. 在 Word 中，图文混排操作一般应在 (　　) 视图中进行。
    A)普通　　　　　　　　　　　　B)页面
    C)大纲　　　　　　　　　　　　D)Web 版式

42. 在 Word 文档中插入的图片默认使用的环绕方式是(　　)。
    A)四周型　　　　　　　　　　　B)嵌入型
    C)紧密型　　　　　　　　　　　D)开放型

43. 若想实现图片位置的微调，可以使用的方法是(　　)。
    A)Shift 键+方向键　　　　　　　B)Del 键+方向键
    C)Ctrl 键+方向键　　　　　　　D)Alt 键+方向键

44. 切换到(　　)视图时，不显示插入的文本框。
    A)页面　　　　　　　　　　　　B)普通

C）Web 版式   D）以上都不正确

45. 在 Word 中，下面哪一个描述是错误的（   ）。

A）页眉位于页面的顶部   B）奇偶页可以设置不同的页眉页脚

C）页眉可与文件的内容同时编辑   D）页脚不能与文件的内容同时编辑

46. Word 默认的纸张大小是（   ）。

A）A4   B）B5

C）A3   D）16 开

47. Word 文本编辑中，（   ）实际上应该在文档的编辑、排版和打印等操作之前进行，因为它对许多操作都将产生影响。

A）页码设定   B）打印预览

C）字体设置   D）页面设置

48. 在 Word 中，要打印一篇文档的第 1，3，5，6，7 和 20 页，需要在"打印"对话框的页码范围文本框中输入（   ）。

A）1-3, 5-7, 20   B）1-3, 5, 6, 7-20

C）1, 3-5, 6-7, 20   D）1, 3, 5-7, 20

8.3.2 填空题

1. 在 Word 的编辑状态下，若要退出"全屏显示"视图方式，应当按的功能键是_____。

2. 在 Word 中，必须在_____视图方式或打印预览中才会显示出用户设定的页眉和页脚。

3. Word 默认的汉字字号为_____，汉字字体为_____。

4. 在 Word 文档编辑中，要完成修改、移动、复制、删除等操作，必须先_____要编辑的区域，使该区域反向显示。

5. 若要快速将插入点移到本行文本的开头按_____键，若要快速将插入点移动到整个文档的结尾按_____组合键。

6. Word 文档的段落标记是按_____键产生的，它在表示本段落结束的同时还记载了该段落信息。

7. 在 Word 中，选定一个矩形区域的操作是将光标移动到待选择的文本的左上角，然后按住_____键和鼠标左键拖动到文本块的右下角。

8. 在 Word 的编辑状态下，文件中有一行被选择，则按下 Delete 键后_____。

9. 为了保证打印出来的工作表格式清晰、美观，完成页面设置后，在打印之前通常要进行_____。

10. 在 Word 中，选定整个表格后按 Delete 键，则_____。

11. 在 Word 中，选定整个表格后按 Backspace 键，则_____。

12. 在 Word 2010 的编辑状态下，若要设置打印页面格式，应当使用_____选项卡中的"页面设置"组。

8.4　Excel 2010 电子表格

8.4.1　选择题

1. 在 Excel 2010 中，一个工作表最多可含有的行数是（　　）。

A）255　　　　　　　　　　　　B）256

C）1048576　　　　　　　　　　D）65536

2. 进入 Excel 编辑环境后，系统将自动创建一个工作簿，名为（　　）。

A）Book1　　　　　　　　　　　B）文档 1

C）文件 1　　　　　　　　　　　D）未命名 1

3. 在 Excel 工作簿中，默认的工作表个数是（　　）。

A）1　　　　　　　　　　　　　B）2

C）3　　　　　　　　　　　　　D）4

4. Excel 中活动单元格是指（　　）。

A）可以随意移动的单元格　　　B）随其他单元格的变化而变化的单元格

C）已经改动了的单元格　　　　D）正在操作的单元格

5. Excel 编辑栏可以提供以下功能（　　）。

A）显示当前工作表名　　　　　B）显示工作簿文件名

C）显示当前活动单元格的内容　D）显示当前活动单元格的计算结果

6. 某区域由 A4、A5、A6 和 B4、B5、B6 组成，下列不能表示该区域的是（　　）。

A）A4:B6　　　　　　　　　　　B）A4:B4

C）B6:A4　　　　　　　　　　　D）A6:B4

7. 在 Excel 工作表中，单元格区域 D2:E4 所包含的单元格个数是（　　）。

A）5　　　　　　　　　　　　　B）6

C）7　　　　　　　　　　　　　D）8

8. 在 Excel 工作表的某单元格内输入字符串"007"，正确的输入方式是（　　）。

A）007　　　　　　　　　　　　B）'007

C）=007　　　　　　　　　　　　D）\007

9. 在 Excel 中，输入分数 2/3 的方法是（　　）。

A）直接输入 2/3　　　　　　　　B）先输入 0，再输入 2/3

C）先输入 0 和空格，再输入 2/3　D）以上方法都不对

10. 在 Excel 2010 中，A1 单元格设定其数字格式为整数，当输入"33.51"时，显示为（　　）。

A）33.51　　　　　　　　　　　B）33

C）34　　　　　　　　　　　　　D）ERROR

11. 在 Excel 2010 工作表中，下列哪项日期格式不合法（　　）。

A）2012 年 12 月 31 日　　　　　B）二〇一二年十二月三十一日

C）2012.12.31   D）2012-12-31

12. 在 Excel 2010 中，若在单元格输入当前日期，可以按 Ctrl 键的同时按（   ）。

    A）"；"键   B）"："键

    C）"/"键   D）"-"键

13. 在 Excel 中，当一个单元格的宽度太窄而不足以显示该单元格内的数据时，在该单元格中将显示一行（   ）符号。

    A）"！"号   B）"*"号

    C）"？"号   D）"#"号

14. 在 Excel 工作表中，当前单元格的填充句柄在其（   ）。

    A）左上角   B）右上角

    C）左下角   D）右下角

15. 在 Excel 中，对于上下相邻两个含有数值的单元格用拖曳法向下做自动填充，默认的填充规则是（   ）。

    A）等比序列   B）等差序列

    C）自定义序列   D）日期序列

16. 已在 Excel 工作表的 F10 单元格中输入了八月，再拖动该单元格的填充柄往左移动，请问在 F7、F8、F9 单元格会出的内容是（   ）。

    A）九月、十月、十一月   B）七月、八月、五月

    C）五月、六月、七月   D）八月、八月、八月

17. 在 Excel 中，清除单元格的命令中不包含的选项是（   ）。

    A）格式   B）批注

    C）内容   D）公式

18. 在 Excel 2010 中，在打印学生成绩单时，对不及格的成绩用醒目的方式表示（如用红色表示等），当要处理大量的学生成绩时，利用（   ）最为方便。

    A）查找   B）条件格式

    C）数据筛选   D）定位

19. 在 Excel 中，可以将一个或多个文本连接为一个文本的运算符是（   ）。

    A）+   B）−

    C）&   D）*

20. 在 Excel 2010 工作表的单元格中输入公式时，应先输入（   ）号。

    A）'   B）"

    C）&   D）=

21. 在 Excel 2010 中，若在 A2 输入公式=56<=57，则显示结果是（   ）。

    A）56<57   B）=56<=57

    C）TRUE   D）FALSE

22. 当多个运算符出现在 Excel 公式中时，由高到低各运算符的优先级是（   ）。

    A）括号、%、^、乘除、加减、&、比较符

B) 括号、%、^、乘除、加减、比较符、&

C) 括号、^、%、乘除、加减、&、比较符

D) 括号、^、%、乘除、加减、比较符、&

23. 当向 Excel 2010 工作表单元格输入公式时，使用单元格地址 D$2 引用 D 列 2 行单元格，该单元格的引用称为（　　）。

A) 交叉地址引用 　　　　　　　　　B) 混合地址引用

C) 相对地址引用 　　　　　　　　　D) 绝对地址引用

24. 在 Excel 工作表中，下列表示第 3 行，第 4 列的绝对地址是（　　）。

A) $D$3 　　　　　　　　　　　　　B) R3C4

C) 3D 　　　　　　　　　　　　　D) R[3]R[4]

25. 在 Excel 2010 工作表中，不正确的单元格地址是（　　）。

A) C$66 　　　　　　　　　　　　　B) $C66

C) C6$6 　　　　　　　　　　　　　D) $C$66

26. 在 Excel 2010 中，如果 E1 单元格的数值为"10"，F1 单元格输入"=E1+20"，G1 单元格输入"=$E$1+20"，则（　　）。

A) F1 和 G1 单元格的值均是 30

B) F1 单元格的值不能确定，G1 单元格的值为 30

C) F1 单元格的值为 30，G1 单元格的值为 20

D) F1 单元格的值为 30，G1 单元格的值不能确定

27. 在 Excel 中，若在 Book1 的工作表 Sheet2 的 C1 单元格内输入公式时，需要引用 Book2 的 Sheet1 工作表中 A2 单元格的数据，那么正确的引用为 （　　）。

A) Sheet1! A2 　　　　　　　　　　B) Book2! Sheet1! （A2）

C) Book2Sheet1A2 　　　　　　　　D) [Book2] Sheet1! A2

28. 在 Excel 中，与公式 SUM（B1:B4）不等价的是（　　）。

A) SUM（B1+B4） 　　　　　　　　B) SUM（B1,B2,B3,B4）

C) SUM（B1+B2,B3+B4） 　　　　　D) SUM（B1+B3,B2+B4）

29. 在 Excel 中，某一工作簿中有 Sheet1、Sheet2、Sheet3 共 3 张工作表，现在需要在 Sheet1 表中某一单元格中放入从 Sheet2 表的 B2:D2 各单元格中的数值之和，正确的公式写法是（　　）。

A) =SUM（Sheet2!B2+C2+D2） 　　B) =SUM（Sheet2.B2:D2）

C) =SUM（Sheet2/B2:D2） 　　　　D) =SUM（Sheet2!B2:D2）

30. 已知 A1、B1 和 C1 单元格的内容分别是"ABC"、"10"和"20"，COUNT（A1:C1）的结果是（　　）。

A) 2 　　　　　　　　　　　　　　B) 3

C) 10 　　　　　　　　　　　　　　D) 20

31. 在 Excel 工作表中，要计算 A1:C8 区域中值大于等于 60 的单元格个数，应使用的公式是（　　）。

A）=COUNT（A1:C8, ">=60"）　　　　　B）=COUNTIF（A1:C8, >=60）

C）=COUNT（A1:C8, >=60）　　　　　D）=COUNTIF（A1:C8, ">=60"）

32. 在 Excel 2010 工作表中，函数 ROUND（5472.614，0）的结果是（　　　）。

A）5473

B）5000

C）0.614

D）5472

33. 在 Excel 工作表中，按 A1:A20 中的成绩，在 C1:C20 中计算出与 A 列同行成绩的名次，应在 C1 中输入公式（　　　），然后复制填充到 C2:C20。

A）=RANK（C1, A1:A20）　　　　　B）=RANK（$C$1, A1:A20）

C）=RANK（C1, A$1:A$20）　　　　　D）=RANK（A1:A20, C1）

34. 下面关于 Excel 中筛选与排序叙述正确的是（　　　）。

A）排序重排数据清单；筛选是显示满足条件的行，暂时隐藏不必显示的行

B）筛选重排数据清单；排序是显示满足条件的行，暂时隐藏不必显示的行

C）排序是查找和处理数据清单中数据子集的快捷方法；筛选是显示满足条件的行

D）排序不重排数据清单；筛选重排数据清单

35. 在 Excel 中根据数据表制作图表时，可以对（　　　）进行设置。

A）标题

B）坐标轴

C）网格线

D）都可以

36. 在 Excel 2010 中，关于工作表及为其建立的嵌入式图表的说法，正确的是（　　　）。

A）删除工作表中的数据，图表中的数据系列不会删除

B）增加工作表中的数据，图表中的数据系列不会增加

C）修改工作表中的数据，图表中的数据系列不会修改

D）以上三项均不正确

37. 对工作表建立的柱形图表，若删除图表中某数据系列柱形图，（　　　）。

A）则数据表中相应的数据消失

B）则数据表中相应的数据不变

C）若事先选定与被删柱形图相应的数据区域，则该区域数据消失，否则保持不变

D）若事先选定与被删柱形图相应的数据区域，则该区域数据不变，否则将消失

8.4.2 填空题

1. 工作簿文件的扩展名是_____。

2. Excel 的信息组织结构依次是：_____、_____、_____。

3. 在 Excel 2010 中，一张工作表最多有_____列。

4. 在 Excel 2010 单元格中，若未设置特定格式，则文本数据会_____对齐，数值数据会_____对齐。

5. 在 Excel 中输入数据时，若输入的数据具有某种内在规律，为了实现快速输入则可以利用它的_____功能。

6. 将鼠标指针指向某工作表标签，按 Ctrl 键拖动标签到新位置，则完成_____操作，若拖动过程不按 Ctrl 键，则完成_____操作。

7. 当前单元格的地址显示在_____中。

8. 在当前单元格引用 C5 单元格地址，绝对地址引用是_____，相对地址引用是_____，混合地址引用是_____或_____。

9. 在 Excel 2010 工作表的单元格 D6 中有公式=$B$2+C6，将 D6 单元格的公式复制到 C7 单元格内，则 C7 单元格的公式为_____。

10. 将 C3 单元格的公式 "=A2−$B3+C1" 复制到 D4 单元格，则 D4 单元格中的公式是_____。

11. D5 单元格中有公式 "=A5+$B$4"，删除第 3 行后，D4 单元格中的公式是_____。

12. 在 Excel 中，设 A1:A4 单元格的数值为 82、71、53、60，A5 单元格使用公式为=If(Average(A$1:A$4)>=60,"及格","不及格")，则 A5 显示的值是_____。

13. 对数据清单进行分类汇总前，必须对数据清单进行_____。

8.5　PowerPoint 2010 演示文稿

8.5.1　选择题

1. PowerPoint 2010 文档的默认扩展名是（　　）。

　　A) DOCX　　　　　B) XLSX　　　　　C) PTPX　　　　　D) PPTX

2. PowerPoint 2010 中，关于"链接"，下列说法中正确的是（　　）。

　　A) 链接指将约定的设备用线路连通

　　B) 链接将指定的文件与当前文件合并

　　C) 单击链接就会转向链接指向的地方

　　D) 链接为发送电子邮件做好准备

3. PowerPoint 2010 中，下面（　　）不是合法的"打印内容"选项。

　　A) 幻灯片　　　　　　　　　　B) 备注页

　　C) 讲义　　　　　　　　　　　D) 幻灯片浏览

4. PowerPoint 2010 是一个（　　）软件。

　　A) 文字处理　　　　　　　　　B) 演示文稿

　　C) 图形处理　　　　　　　　　D) 表格处理

5. PowerPoint 2010 中，有关修改图片，下列说法错误的是（　　）。

　　A) 裁剪图片是指保存图片的大小不变，而将不希望显示的部分隐藏起来

　　B) 当需要重新显示被隐藏的部分时，还可以通过"裁剪"工具进行恢复

　　C) 按住鼠标右键向图片内部拖动时，可以隐藏图片的部分区域

　　D) 要裁剪图片，首先选定图片，然后单击"图片工具"|"格式"选项卡中的"裁剪"按钮

6. PowerPoint 2010 中，有关"备注母版"的说法错误的是（　　）。

　　A）备注母版的下方是备注文本区，可以像在幻灯片母版中那样设置其格式

　　B）要转到"备注母版"视图，可选择"视图"选项卡中的"备注母版"按钮

　　C）备注母版的页面共有 5 个设置区：页眉区、页脚区、日期区、幻灯片缩图和数字区

　　D）备注的最主要功能是进一步提示某张幻灯片的内容

7. PowerPoint 2010 中，有关幻灯片母版中的页眉页脚下列说法错误的是（　　）。

　　A）页眉或页脚是加在演示文稿中的注释性内容

　　B）不能设置页眉和页脚的文本格式

　　C）在打印演示文稿的幻灯片时，页眉/页脚的内容也可打印出来

　　D）典型的页眉/页脚内容是日期、时间以及幻灯片编号

8. PowerPoint 2010 中，在浏览视图下，按住 Ctrl 并拖动某幻灯片，可以完成（　　）操作。

　　A）移动幻灯片　　　　　　　　　　　B）复制幻灯片

　　C）删除幻灯片　　　　　　　　　　　D）选定幻灯片

9. 对幻灯片的重新排序、幻灯片间定时和过渡、加入和删除幻灯片以及整体构思幻灯片都特别有用的视图是（　　）。

　　A）幻灯片视图　　　　　　　　　　　B）大纲视图

　　C）幻灯片浏览视图　　　　　　　　　D）普通视图

10. 对于演示文稿中不准备放映的幻灯片可以用（　　）选项卡中的"隐藏幻灯片"命令隐藏。

　　A）工具　　　　　　　　　　　　　　B）幻灯片放映

　　C）视图　　　　　　　　　　　　　　D）编辑

11. 可以改变一张幻灯片中各部分放映顺序的是（　　）。

　　A）采用"预设动画"设置　　　　　　B）采用"自定义动画"设置

　　C）采用"片间动画"设置　　　　　　D）采用"动作"设置

12. 能够快速改变演示文稿的背景图案和配色方案的操作是（　　）。

　　A）编辑母板

　　B）在"设计"选项卡中的"效果"下拉框中选择

　　C）切换到不同的视图

　　D）在"设计"选项卡中单击不同的设计模板

13. 在演示文稿放映过程中，可随时按（　　）键终止放映，返回到原来的视图中。

　　A）Enter　　　　　　　　　　　　　B）Esc

　　C）Pause　　　　　　　　　　　　　D）Ctrl

14. 在 PowerPoint 演示文稿中，将一张布局为"节标题"的幻灯片改为"标题和内容"幻灯片，应使用的对话框是（　　）。

　　A）幻灯片版式　　　　　　　　　　　B）幻灯片配色方案

　　C）背景　　　　　　　　　　　　　　D）应用设计模板

15. 在 PowerPoint 中，若在大纲视图下编辑本文，则（　　）。

　　A）该文本只能在幻灯片视图中修改

　　B）可以在幻灯片视图中修改文本，也能在大纲视图中修改文本

　　C）只能在大纲视图中修改文本

　　D）以上都不对

16. 在（　　）视图下，可以同时移动或复制位置不相邻的多张幻灯片。

　　A）幻灯片　　　　　　　　　　　　B）幻灯片浏览

　　C）备注页　　　　　　　　　　　　D）大纲

17. PowerPoint 中，有关设置幻灯片放映时间的说法中错误的是（　　）。

　　A）只有单击鼠标时换页

　　B）可以设置在单击鼠标时换页

　　C）可以设置每隔一段时间自动换页

　　D）B、C 两种方法可以换页

18. PowerPoint 中，下列说法错误的是（　　）。

　　A）可以利用自动版式建立带剪贴画的幻灯片，用来插入剪贴画

　　B）可以向已存在的幻灯片中插入剪贴画

　　C）可以修改剪贴画

　　D）不可以为剪贴画重新上色

8.5.2　填空题

1. PowerPoint 2010 中提供了_____、_____、_____和_____四种视图，可以不同的显示形式查看幻灯片。

2. 在 PowerPoint 演示文稿放映过程中，想终止放映，需要按键盘上的_____键。

3. 在_____和_____视图下，可以改变幻灯片的顺序。

4. 状态栏中显示"幻灯片 8/10"说明当前幻灯片文件中共有_____张幻灯片，当前为第_____张。

5. 在 PowerPoint 中不能对幻灯片内容进行编辑的视图有_____和_____。

6. 在 PowerPoint 中，在"幻灯片"视图方式下，要选择连续多张幻灯片，应先单击起始的幻灯片，然后按住_____键不放，单击最后一张幻灯片。

7. 在 PowerPoint 中模板文件的扩展名为_____。

8. 在"设置放映方式"的对话框中有 3 种不同的方式放映幻灯片，它们是_____、_____、_____。

9. 在 PowerPoint 中，可以对幻灯片进行移动、删除、复制、设置动画效果、但不能对单独的幻灯片的内容进行编辑的视图是_____。

10. 在 PowerPoint 中，打印演示文稿时可选的打印内容包括_____、_____、_____、_____。

8.6 计算机网络与安全

8.6.1 选择题

1. Internet 最早起源的时期（　　）。
   A）第二次世界大战 　　　　　　　　B）20 世纪 60 年代
   C）20 世纪 70 年代 　　　　　　　　D）20 世纪 90 年代

2. 使用匿名 FTP 服务，用户登录时常常使用（　　）作为用户名。
   A）anonymous 　　　　　　　　　　B）主机的 IP 地址
   C）自己 E-mail 地址 　　　　　　　D）节点的 IP 地址

3. 要使用电话线上网，计算机系统中必须要有（　　）。
   A）声卡 　　　　　　　　　　　　　B）网卡
   C）电话机 　　　　　　　　　　　　D）Modem 调制解调器

4. 当电子邮件到达时，若收件人没有开机，该邮件将（　　）。
   A）自动退回给发件人 　　　　　　　B）保存在 E-mail 服务器上
   C）开机时对方重新发送 　　　　　　D）该邮件丢失

5. FTP 是（　　）协议的简写。
   A）文件传输 　　　　　　　　　　　B）超文本传输
   C）网络服务 　　　　　　　　　　　D）远程传输

6. 网址中的 HTTP 是指（　　）。
   A）计算机主机名 　　　　　　　　　B）TCP/IP
   C）文件传输协议 　　　　　　　　　D）超文本传输协议

7. 互联网通常使用的网络通信协议是（　　）。
   A）NCP 　　　　　　　　　　　　　B）NETBUEI
   C）OSI 　　　　　　　　　　　　　D）TCP/IP

8. 下列地址（　　）是正确的电子邮件地址。
   A）www.baidu.com 　　　　　　　　B）www@126.com
   C）192.168.1.111 　　　　　　　　D）http://www.google.com.cn

9. （　　）是网络协议 TCP/IP 用来标识网络设备（主机）的唯一标识符。
   A）IP 地址 　　　　　　　　　　　　B）网关地址
   C）DNS 地址 　　　　　　　　　　　D）MAC 地址

10. HTML 的含义是（　　）。
    A）主页制作语言 　　　　　　　　　B）WWW 编程语言
    C）超文本标记语言 　　　　　　　　D）浏览器编程语言

11. 主机域名 www.htu.edu.cn 由 4 个子域组成，其中表示主机名的是（　　）。
    A）www 　　　　　　　　　　　　　B）htu

C) edu
D) cn

12. 在电子信箱地址中，@左侧的是用户名，右侧是（ ）。

A) 电话号码
B) 用户账号

C) 邮件服务器的域名
D) 用户密码

13. 计算机网络的最大优点是（ ）。

A) 资源共享
B) 增大容量

C) 加快计算
D) 节省人力

14. 下列各项中，不能作为域名的是（ ）。

A) www.henannu.edu.cn
B) www.baidu.com

C) www.hao123.com
D) ftp.pku.edu.cn

15. 下列各项，不能作为 IP 地址的是（ ）。

A) 210.42.242.4
B) 202.102.224.68

C) 11.5.3.9
D) 234.256.167.222

16. 传输速率的单位是（ ）。

A) 帧/秒
B) 文件/秒

C) 位/秒
D) 米/秒

17. 下列域名中，属于教育机构的是（ ）。

A) www.htu.edu.cn
B) edu.sina.com

C) www.jiaoyu.net
D) www.beida.org

18. 下列域名中，属于政府机关的是（ ）。

A) www.zhengfu.edu.cn
B) www.263.com

C) www.ha.gov.cn
D) beijing.baixing.com

19. 以下软件中不能用来做网页的是（ ）。

A) Adobe Dreamweaver
B) Microsoft FrontPage

C) Microsoft Word
D) Adobe Photoshop

20. 收藏夹是用来（ ）。

A) 记忆感兴趣的页面内容
B) 收集感兴趣的文件

C) 记忆感兴趣的页面地址
D) 收集感兴趣的文件内容

21. 计算机局域网的英文缩写名称是（ ）。

A) WAN
B) LAN

C) MAN
D) SAN

22. 下列不属于计算机网络基本拓扑结构的形式是（ ）。

A) 星型
B) 环型

C) 总线型
D) 分支

23. 下列属于计算机网络基本拓扑结构的是（ ）。

A) 层次型
B) 总线型

C) 交换型
D) 分组型

24. 若数据通信中采用半双工通信方式，数据传输方向为（　　）。

    A）同时双向传输　　　　　　　　B）可以双向传输，但不能同时传输

    C）一个固定方向传输　　　　　　D）一个方向上传输，但是不固定

25. 在局域网中将多台计算机相互连接的 Hub 中文含义是（　　）。

    A）网卡　　　　　　　　　　　　B）路由器

    C）集线器　　　　　　　　　　　D）调制解调器

26. WWW 是万维网，它的英文全称是（　　）。

    A）World Wide Web　　　　　　　B）Word Wide Web

    C）Word While Web　　　　　　　D）World Wide While

27. 大多数电子邮件提供商用"曲别针"表示收到的电子邮件中包含（　　）。

    A）附件　　　　　　　　　　　　B）主题

    C）图片　　　　　　　　　　　　D）文字信息

28. 常用的二进制的 IP 地址共有（　　）位。

    A）16　　　　　　　　　　　　　B）32

    C）62　　　　　　　　　　　　　D）64

29. 若希望通过电子邮件将本地计算机上的图片文件发送给其他人，则（　　）。

    A）应该将文件放在"主题"中　　B）应该将文件放在空白内容中

    C）应该将文件放在"附件"中　　D）不能实现

30. 下列不属于 Internet 接入方式的是（　　）。

    A）ISP　　　　　　　　　　　　　B）ADSL

    C）DDN　　　　　　　　　　　　　D）ISDN

31. （　　）拓扑结构由连接成封闭回路的网络结点组成的，每一结点与它左右相邻的结点连接。

    A）总线型　　　　　　　　　　　B）环型

    C）树型　　　　　　　　　　　　D）星型

32. 通常将网站的（　　）称做主页。

    A）网页　　　　　　　　　　　　B）第二页

    C）Web 页　　　　　　　　　　　D）起始页

33. 计算机网络按地域划分，不包括（　　）。

    A）局域网　　　　　　　　　　　B）以太网

    C）广域网　　　　　　　　　　　D）城域网

34. OSI（开放系统互联）参考模型的最低层是（　　）。

    A）传输层　　　　　　　　　　　B）网络层

    C）物理层　　　　　　　　　　　D）应用层

35. 计算机网络的目标是（　　）。

    A）提高计算机的安全性　　　　　B）将多台计算机连接起来

    C）提高计算机的可靠性　　　　　D）共享软件、硬件和数据资源

36. Internet 的前身是（   ）。

    A）ARPANET   B）Ethernet

    C）Telnet   D）Intranet

37. IP 地址 210.42.241.6 所属的类型是（   ）。

    A）A 类地址   B）B 类地址

    C）C 类地址   D）D 类地址

38. 在局域网环境下，用来延长网络距离的最简单最廉价的互联设备是（   ）。

    A）网桥   B）路由器

    C）中继器   D）交换机

39. IPv6 中地址是用（   ）二进制位数表示的。

    A）32   B）64

    C）128   D）256

40. 大多数 HTML 的书写格式是（   ）。

    A）<标记名>文件内容</标记名>   B）</标记名>文件内容<标记名>

    C）(标记名)文件内容(/标记名)   D）[标记名]文件内容[/标记名]

41. 某办公室有一个由两台工作站和一台打印机组成的网络，这个网络多半是（   ）。

    A）WAN   B）MAN

    C）LAN   D）Internet

42. 网页的主体内容将写在（   ）标签内部。

    A）<BODY>   B）<HEAD>

    C）<HTML>   D）<P>

43. 下列有关计算机病毒的说法哪一个是正确的（   ）。

    A）计算机病毒是人操作失误造成的   B）计算机病毒是自发产生的

    C）计算机病毒是生物病毒传染的   D）计算机病毒是一段程序

44. 关于计算机中使用软件，下列哪种说法是错的（   ）。

    A）未经软件著作权人的同意复制软件是侵权行为

    B）软件如同硬件一样，也是一种商品

    C）软件凝结着专业人员的劳动成果

    D）软件与书籍一样，借来复制一下不会损害他人

45. 为了保证数据在遭到破坏后能及时恢复，必须定期进行（   ）。

    A）数据维护   B）数据备份

    C）病毒检测   D）数据加密

46. 计算机病毒传播的基本途径是（   ）。

    A）存储器、运算器   B）运算器、控制器

    C）控制器、网络   D）存储器、网络

47. 在因特网上，用户查找、定位计算机的唯一标志是（   ）。

    A）URL 地址   B）TCP 地址

　　　　C）IP 地址　　　　　　　　　　　　　D）WWW 服务器地址

48. 以下 Internet 应用中违反《计算机信息系统安全保护条例》的是（　　）。

　　A）侵入网站获取机密　　　　　　　　B）参加网络远程教学

　　C）通过电子邮件与朋友交流　　　　　D）到 CCTV 网站看电视直播

49. 计算机病毒具有（　　）。

　　A）传播性，潜伏性，破坏性　　　　　B）传播性，破坏性，易读性

　　C）潜伏性，破坏性，易读性　　　　　D）传播性，潜伏性，安全性

50. 在制作网页时，若要在网页中应用一些比较特别的字体，最好采用图片的形式，原因是（　　）。

　　A）插入图片比设置字体简单

　　B）浏览者的计算机可能没有安装对应的字体，所以无法正常显示

　　C）图片颜色比较丰富

　　D）图片容量小，浏览网页时速度快

8.6.2　填空题

1. 计算机网络的功能主要体现在_____、_____、_____、_____。
2. 计算机网络按覆盖的范围划分可以分为_____、_____、_____。
3. Internet（因特网）上最基本的通信协议是_____。
4. 计算机网络的发展经历了_____、_____、_____、_____四个阶段。
5. 目前以太网最常用的传输媒体是_____。
6. 计算机网络是利用通信线路将具有独立功能的计算机连接起来，并借助功能完善的网络软件实现网络中_____和_____的系统。
7. Modem 中_____是用来将数字信号转换为模拟信号的。
8. IP 地址长度在 IPv4 中为_____比特，而在 IPv6 中则为_____比特。
9. 从计算机域名到 IP 地址翻译的过程称为_____。
10. ISO 制定的开放系统互联网络模型将计算机网络结构划分为七层，从最底层至最高层分别为_____、_____、_____、_____、_____、_____、_____。

8.7　多媒体技术

8.7.1　选择题

1. 多媒体的主要特征是（　　）。

　　A）动态性、丰富性　　　　　　　　　B）集成性、交互性

　　C）标准化、娱乐化　　　　　　　　　D）网络化、多样性

2. 一种比较确切的说法是：多媒体计算机是能够（　　）的计算机。

　A）接收多种媒体的信息

　B）输出多种媒体信息

　C）将多种媒体信息融为一体进行处理

　D）播放 CD 音乐

3. 下列（　　）多媒体文件的扩展名是.WAV。

　A）音频　　　　　　　　　　　　B）乐器数字

　C）动画　　　　　　　　　　　　D）数字视频

4. 以下文件格式中，不属于视频文件的是（　　）。

　A）JPG　　　　　　　　　　　　B）MPG

　C）MOV　　　　　　　　　　　　D）AVI

5. 多媒体计算机是指（　　）。

　A）必须与家用电器连接使用的计算机

　B）能玩游戏的计算机

　C）能处理多种媒体信息的计算机

　D）安装有多种软件的计算机

6. 下列不属于声音文件格式的是（　　）。

　A）WAV 文件　　　　　　　　　　B）MP3 文件

　C）MIDI 文件　　　　　　　　　　D）VOB 文件

7. 两分钟双声道，16 位采样位数，22. 05kHz 采样频率声音的不压缩的数据量是（　　）。

　A）5.05MB　　　　　　　　　　　B）10.58MB

　C）10.35MB　　　　　　　　　　D）10.09MB

8. 在 Windows 中将当前窗口以图像信息形式复制到剪贴板的操作按键是（　　）。

　A）Print Screen　　　　　　　　　B）Ctrl+ Print Screen

　C）Alt+ Print Screen　　　　　　　D）Shift+ Print Screen

9. Flash 动画制作中，要将一只青蛙变成王子，需要采用的制作方法是（　　）。

　A）运动动画　　　　　　　　　　B）变形动画

　C）逐帧动画　　　　　　　　　　D）增加图层

10. 在动画制作中，一般帧速率选择为（　　）。

　A）30 帧/秒　　　　　　　　　　B）60 帧/秒

　C）120 帧/秒　　　　　　　　　　D）90 帧/秒

11. 在 Flash 中，对帧频率正确描述是（　　）。

　A）每小时显示的帧数　　　　　　B）每分钟显示的帧数

　C）每秒钟显示的帧数　　　　　　D）以上都不对

12. 关于多媒体，下面描述不正确的是（　　）。

　A）多媒体由单媒体复合而成

　B）多媒体是信息的表现形式和传递方式

　C）多媒体包括文本、图片等媒体元素

D）多媒体是利用计算机把声音、文本等媒体集合成一体的技术

13. 多媒体信息包括（　　）等媒体元素。

①音频 ②视频 ③动画 ④图形图像 ⑤声卡 ⑥光盘 ⑦文字

  A）①②③④⑤⑦   B）①②③④⑦

  C）①②③④⑥⑦   D）以上都是

14. 以下哪一组不属于多媒体中的媒体元素（　　）。

  A）文本和声音   B）图形和图像

  C）磁盘和光盘   D）视频和动画

15. 关于多媒体技术的描述，下面不正确的是（　　）。

  A）多媒体技术是能够对多种媒体信息进行处理的计算机技术

  B）可以把外部的媒体信息通过计算机加工处理后以复合方式输出

  C）多媒体技术是一个综合性科技，是信息时代的产物

  D）多媒体技术是指存储信息的实体

16. 下列不属于多媒体技术发展方向的是（　　）。

  A）虚拟现实   B）智能化

  C）网络化   D）数据库

17. 下列选项中不属于多媒体技术特征的是（　　）。

  A）交互性   B）实时性

  C）不变性   D）集成性

18. 传统的广播电视不属于多媒体系统，因为它不具有多媒体技术的（　　）特征。

  A）实时性   B）集成性

  C）交互性   D）多样性

19. 下列选项中不属于颜色模型的是（　　）。

  A）RGB 模型   B）CMYK 模型

  C）黑白模型   D）HSB 模型

20. ACDSee 支持超过（　　）种常用多媒体格式。

  A）10   B）90

  C）80   D）50

21. 下列选项中不属于动画制作软件的是（　　）。

  A）Cool 3D   B）MIDI

  C）Flash   D）Maya

22. 下列选项中不属于视频格式的是（　　）。

  A）WMA   B）WMV

  C）MPG   D）3GP

23. 以下关于逐帧动画和补间动画的说法正确的是（　　）。

  A）两种动画模式都必须记录完整的各帧信息

  B）前者必须记录各帧的完整记录，而后者不用

C）前者不必记录各帧的完整记录，而后者必须记录完整的各帧记录

D）以上说法均不对

24. 用 Flash 动画做放大镜效果时，只有放大镜移到的位置可以看到大字，这种效果是通过哪种动画实现的？（   ）

A）逐帧动画 B）形状补间动画

C）引导路径动画 D）遮罩动画

25. Windows 7 影音制作加工完成的视频导出的格式为（   ）。

A）MPEG B）MP3

C）FLV D）WMV

8.7.2 填空题

1. 计算机多媒体技术的主要特点有_____、_____、_____、_____。

2. 目前多媒体技术正朝着_____、_____、_____、_____等五个方向发展。

3. 多媒体技术中常见的媒体包括_____、_____、_____、_____、_____。

8.8 软件技术基础

8.8.1 选择题

1. 下面叙述正确的是（   ）。

A）算法的执行效率与数据的存储结构无关

B）算法的空间复杂度是指算法程序中指令（或语句）的条数

C）算法的有穷性是指算法必须能在执行有限个步骤之后终止

D）以上三种描述都不对

2. 以下数据结构中不属于线性数据结构的是（   ）。

A）队列 B）线性表

C）二叉树 D）栈

3. 在一棵二叉树上第 5 层的结点数最多是（   ）。

A）8 B）16

C）32 D）15

4. 下面描述中，符合结构化程序设计风格的是（   ）。

A）使用顺序、选择和重复（循环）三种基本控制结构表示程序的控制逻辑

B）模块只有一个入口，可以有多个出口

C）注重提高程序的执行效率

D）不使用 goto 语句

5. 下面概念中，不属于面向对象方法的是（　　）。

    A）对象　　　　　　　　　　　　　B）继承

    C）类　　　　　　　　　　　　　　D）过程调用

6. 在结构化方法中，用数据流程图（DFD）作为描述工具的软件开发阶段是（　　）。

    A）可行性分析　　　　　　　　　　B）需求分析

    C）详细设计　　　　　　　　　　　D）程序编码

7. 在软件开发中，下面任务不属于设计阶段的是（　　）。

    A）数据结构设计　　　　　　　　　B）给出系统模块结构

    C）定义模块算法　　　　　　　　　D）定义需求并建立系统模型

8. 数据库系统的核心是（　　）。

    A）数据模型　　　　　　　　　　　B）数据库管理系统

    C）软件工具　　　　　　　　　　　D）数据库

9. 下列叙述中正确的是（　　）。

    A）数据库是一个独立的系统，不需要操作系统的支持

    B）数据库设计是指设计数据库管理系统

    C）数据库技术的根本目标是要解决数据共享的问题

    D）数据库系统中，数据的物理结构必须与逻辑结构一致

10. 下列模式中，能够给出数据库物理存储结构与物理存取方法的是（　　）。

    A）内模式　　　　　　　　　　　　B）外模式

    C）概念模式　　　　　　　　　　　D）逻辑模式

11. 算法的时间复杂度是指（　　）。

    A）执行算法程序所需要的时间

    B）算法程序的长度

    C）算法执行过程中所需要的基本运算次数

    D）算法程序中的指令条数

12. 下列叙述中正确的是（　　）。

    A）线性表是线性结构　　　　　　　B）栈与队列是非线性结构

    C）线性链表是非线性结构　　　　　D）二叉树是线性结构

13. 设一棵完全二叉树共有 699 个结点，则在该二叉树中的叶子结点数为（　　）。

    A）349　　　　　　　　　　　　　B）350

    C）255　　　　　　　　　　　　　D）351

14. 结构化程序设计主要强调的是（　　）。

    A）程序的规模　　　　　　　　　　B）程序的易读性

    C）程序的执行效率　　　　　　　　D）程序的可移植性

15. 在软件生命周期中，能准确地确定软件系统必须做什么和必须具备哪些功能的阶段是（　　）。

    A）概要设计　　　　　　　　　　　B）详细设计

C）可行性分析　　　　　　　　D）需求分析

16. 数据流图用于抽象描述一个软件的逻辑模型，数据流图由一些特定的图符构成。下列图符名标识的图符不属于数据流图合法图符的是（　　　）。

A）控制流　　　　　　　　　　B）加工

C）数据存储　　　　　　　　　D）源和潭

17. 软件需求分析阶段的工作，可以分为四个方面：需求获取、需求分析、编写需求规格说明书以及（　　　）。

A）阶段性报告　　　　　　　　B）需求评审

C）总结　　　　　　　　　　　D）都不正确

18. 在面向对象方法中，一个对象请求另一对象为其服务的方式是通过发送（　　　）。

A）调用语句　　　　　　　　　B）命令

C）口令　　　　　　　　　　　D）消息

19. 关系表中的每一横行称为一个（　　　）。

A）元组　　　　　　　　　　　B）字段

C）属性　　　　　　　　　　　D）码

20. 数据库设计包括两个方面的设计内容，它们是（　　　）。

A）概念设计和逻辑设计　　　　B）模式设计和内模式设计

C）内模式设计和物理设计　　　D）结构特性设计和行为特性设计

21. 算法的空间复杂度是指（　　　）。

A）算法程序的长度　　　　　　B）算法程序中的指令条数

C）算法程序所占的存储空间　　D）算法执行过程中所需要的存储空间

22. 下列关于栈的叙述中正确的是（　　　）。

A）在栈中只能插入数据　　　　B）在栈中只能删除数据

C）栈是先进先出的线性表　　　D）栈是先进后出的线性表

23. 在深度为 5 的满二叉树中，叶子结点的个数为（　　　）。

A）32　　　　　　　　　　　　B）31

C）16　　　　　　　　　　　　D）15

24. 对建立良好的程序设计风格，下面描述正确的是（　　　）。

A）程序应简单、清晰、可读性好　　B）符号名的命名要符合语法

C）充分考虑程序的执行效率　　　　D）程序的注释可有可无

25. 下面对对象概念描述错误的是（　　　）。

A）任何对象都必须有继承性　　　B）对象是属性和方法的封装体

C）对象间的通信靠消息传递　　　D）操作是对象的动态性属性

26. 下面不属于软件工程的 3 个要素的是（　　　）。

A）工具　　　　　　　　　　　B）过程

C）方法　　　　　　　　　　　D）环境

27. 程序流程图（PFD）中的箭头代表的是（　　　）。

A）数据流　　　　　　　　　　　B）控制流

C）调用关系　　　　　　　　　　D）组成关系

28. 在数据管理技术的发展过程中，经历了人工管理阶段、文件系统阶段和数据库系统阶段。其中数据独立性最高的阶段是（　　）。

A）数据库系统　　　　　　　　　B）文件系统

C）人工管理　　　　　　　　　　D）数据项管理

29. 用树形结构来表示实体之间联系的模型称为（　　）。

A）关系模型　　　　　　　　　　B）层次模型

C）网状模型　　　　　　　　　　D）数据模型

30. 关系数据库管理系统能实现的专门关系运算包括（　　）。

A）排序、索引、统计　　　　　　B）选择、投影、连接

C）关联、更新、排序　　　　　　D）显示、打印、制表

31. 算法一般都可以用哪几种控制结构组合而成（　　）。

A）循环、分支、递归　　　　　　B）顺序、循环、嵌套

C）循环、递归、选择　　　　　　D）顺序、选择、循环

32. 数据的存储结构是指（　　）。

A）数据所占的存储空间量　　　　B）数据的逻辑结构在计算机中的表示

C）数据在计算机中的顺序存储方式　D）存储在外存中的数据

33. 有如图 8-1 所示的二叉树，对此二叉树中序遍历的结果为（　　）。

A）ABCDEF　　　　　　　　　　B）DBEAFC

C）BDCAFE　　　　　　　　　　D）DEBFCA

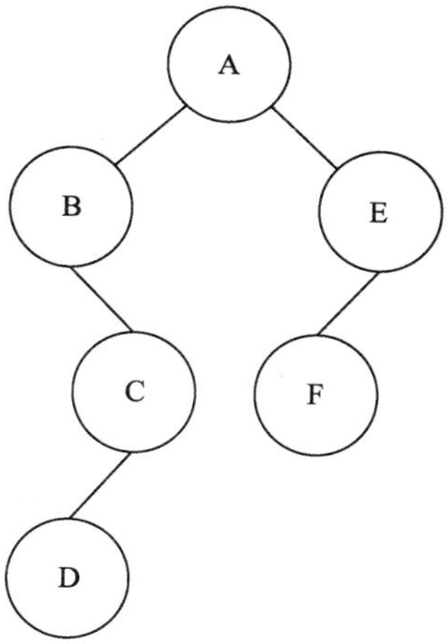

34. 下述关于数据库系统的叙述中正确的是（　　）。

A）数据库系统减少了数据冗余

B）数据库系统避免了一切冗余

C）数据库系统中数据的一致性是指数据类型的一致

D）数据库系统比文件系统能管理更多的数据

35. 检查软件产品是否符合需求定义的过程称为（　　）。

A）确认测试　　　　　　　　　　B）集成测试

C）验证测试　　　　　　　　　　D）验收测试

36. 下列工具中属于需求分析常用工具的是（　　）。

A）PAD　　　　　　　　　　　　B）PFD

C）N-S　　　　　　　　　　　　D）DFD

图 8-1　二叉树

37. 下面不属于软件设计原则的是（　　）。

A）抽象　　　　　　　　　　　　B）模块化

C）自底向上　　　　　　　　　　D）信息隐蔽

38. 索引属于（　　）。

A）模式　　　　　　　　　　　　B）内模式

C) 外模式   D) 概念模式

39. 在关系数据库中，用来表示实体之间联系的是（　　）。

A) 树结构   B) 网结构

C) 线性表   D) 二维表

40. 将 E-R 图转换到关系模式时，实体与联系都可以表示成（　　）。

A) 属性   B) 关系

C) 键   D) 域

41. 在下列选项中，哪个不是一个算法一般应该具有的基本特征（　　）。

A) 确定性   B) 可行性

C) 无穷性   D) 拥有足够的情报

42. 希尔排序法属于哪一种类型的排序法（　　）。

A) 交换类排序法   B) 插入类排序法

C) 选择类排序法   D) 建堆排序法

43. 下列关于队列的叙述中正确的是（　　）。

A) 在队列中只能插入数据   B) 在队列中只能删除数据

C) 队列是先进先出的线性表   D) 队列是先进后出的线性表

44. 对长度为 N 的线性表进行顺序查找，在最坏情况下所需要的比较次数为（　　）。

A) $N+1$ B) N

C) $(N+1)/2$ D) $N/2$

45. 信息隐蔽的概念与下述哪一种概念直接相关（　　）。

A) 软件结构定义   B) 模块独立性

C) 模块类型划分   D) 模拟耦合度

46. 面向对象的设计方法与面向过程的设计方法有本质不同，它的基本原理是（　　）。

A) 模拟现实世界中不同事物之间的联系

B) 强调模拟现实世界中的算法而不强调概念

C) 使用现实世界的概念抽象地思考问题从而自然地解决问题

D) 鼓励开发者在软件开发的绝大部分中都用实际领域的概念去思考

47. 在结构化方法中，软件功能分解属于下列软件开发中的阶段是（　　）。

A) 详细设计   B) 需求分析

C) 总体设计   D) 编程调试

48. 软件调试的目的是（　　）。

A) 发现错误   B) 改正错误

C) 改善软件的性能   D) 挖掘软件的潜能

49. 下列说法中，不属于数据模型所描述的内容的是（　　）。

A) 数据结构   B) 数据操作

C) 数据查询   D) 数据约束

50. 数据库概念设计的过程中，视图设计一般有三种设计次序，以下各项中不对的是（　　）。

 A）自顶向下   B）由底向上

 C）由内向外   D）由整体到局部

51. 在计算机中，算法是指（　　）。

 A）查询方法   B）加工方法

 C）解题方案的准确而完整的描述 D）排序方法

52. 栈和队列的共同点是（　　）。

 A）都是先进后出   B）都是先进先出

 C）只允许在端点处插入和删除元素 D）没有共同点

53. 已知二叉树后序遍历序列是 dabec，中序遍历序列是 debac，它的前序遍历序列是（　　）。

 A）cedba   B）acbed

 C）decab   D）deabc

54. 在下列几种排序方法中，要求内存量最大的是（　　）。

 A）插入排序   B）选择排序

 C）快速排序   D）归并排序

55. 在设计程序时，应采纳的原则之一是（　　）。

 A）程序结构应有助于读者理解 B）不限制 goto 语句的使用

 C）减少或取消注解行   D）程序越短越好

56. 下列不属于软件调试技术的是（　　）。

 A）强行排错法   B）集成测试法

 C）回溯法   D）原因排除法

57. 下列叙述中，不属于软件需求规格说明书的作用的是（　　）。

 A）便于用户、开发人员进行理解和交流

 B）反映出用户问题的结构，可以作为软件开发工作的基础和依据

 C）作为确认测试和验收的依据

 D）便于开发人员进行需求分析

58. 在数据流图（DFD）中，带有名字的箭头表示（　　）。

 A）控制程序的执行顺序 B）模块之间的调用关系

 C）数据的流向   D）程序的组成成分

59. SQL 语言又称为（　　）。

 A）结构化定义语言   B）结构化控制语言

 C）结构化查询语言   D）结构化操纵语言

60. 视图设计一般有 3 种设计次序，下列不属于视图设计的是（　　）。

 A）自顶向下   B）由外向内

 C）由内向外   D）自底向上

61. 数据结构中，与所使用的计算机无关的是数据的（　　）。

A）存储结构　　　　　　　　　　B）物理结构

C）逻辑结构　　　　　　　　　　D）物理和存储结构

62. 栈底至栈顶依次存放元素 A、B、C、D，在第五个元素 E 入栈前，栈中元素可以出栈，则出栈序列可能是（　　　）。

A）ABCED　　　　　　　　　　B）DBCEA

C）CDABE　　　　　　　　　　D）DCBEA

63. 线性表的顺序存储结构和线性表的链式存储结构分别是（　　　）。

A）顺序存取的存储结构、顺序存取的存储结构

B）随机存取的存储结构、顺序存取的存储结构

C）随机存取的存储结构、随机存取的存储结构

D）任意存取的存储结构、任意存取的存储结构

64. 在单链表中，增加头结点的目的是（　　　）。

A）方便运算的实现　　　　　　　B）使单链表至少有一个结点

C）标识表结点中首结点的位置　　D）说明单链表是线性表的链式存储实现

65. 软件设计包括软件的结构、数据接口和过程设计，其中软件的过程设计是指（　　　）。

A）模块间的关系　　　　　　　　B）系统结构部件转换成软件的过程描述

C）软件层次结构　　　　　　　　D）软件开发过程

66. 为了避免流程图在描述程序逻辑时的灵活性，提出了用方框图来代替传统的程序流程图，通常也把这种图称为（　　　）。

A）PAD 图　　　　　　　　　　B）N-S 图

C）结构图　　　　　　　　　　　D）数据流图

67. 数据处理的最小单位是（　　　）。

A）数据　　　　　　　　　　　　B）数据元素

C）数据项　　　　　　　　　　　D）数据结构

68. 下列有关数据库的描述，正确的是（　　　）。

A）数据库是一个 DBF 文件　　　B）数据库是一个关系

C）数据库是一个结构化的数据集合　D）数据库是一组文件

69. 单个用户使用的数据视图的描述称为（　　　）。

A）外模式　　　　　　　　　　　B）概念模式

C）内模式　　　　　　　　　　　D）存储模式

70. 需求分析阶段的任务是确定（　　　）。

A）软件开发方法　　　　　　　　B）软件开发工具

C）软件开发费用　　　　　　　　D）软件系统功能

71. 算法分析的目的是（　　　）。

A）找出数据结构的合理性　　　　B）找出算法中输入和输出之间的关系

C）分析算法的易懂性和可靠性　　D）分析算法的效率以求改进

72. n 个顶点的强连通图的边数至少有（　　　）。

A) $n-1$ B) $n(n-1)$

C) n D) $n+1$

73. 已知数据表 A 中每个元素距其最终位置不远,为节省时间,应采用的算法是(　　)。

    A) 堆排序   B) 直接插入排序

    C) 快速排序   D) 直接选择排序

74. 用链表表示线性表的优点是(　　)。

    A) 便于插入和删除操作   B) 数据元素的物理顺序与逻辑顺序相同

    C) 花费的存储空间较顺序存储少   D) 便于随机存取

75. 下列不属于结构化分析的常用工具的是(　　)。

    A) 数据流图   B) 数据字典

    C) 判定树   D) PAD 图

76. 软件开发的结构化生命周期方法将软件生命周期划分成(　　)。

    A) 定义、开发、运行维护   B) 设计阶段、编程阶段、测试阶段

    C) 总体设计、详细设计、编程调试   D) 需求分析、功能定义、系统设计

77. 在软件工程中,白盒测试法可用于测试程序的内部结构。此方法将程序看做是(　　)。

    A) 循环的集合   B) 地址的集合

    C) 路径的集合   D) 目标的集合

78. 在数据管理技术发展过程中,文件系统与数据库系统的主要区别是数据库系统具有(　　)的特点。

    A) 数据无冗余   B) 数据可共享

    C) 专门的数据管理软件   D) 特定的数据模型

79. 分布式数据库系统不具有的特点是(　　)。

    A) 分布式   B) 数据冗余

    C) 数据分布性和逻辑整体性   D) 位置透明性和复制透明性

80. 下列数据结构中,属于非线性结构的是(　　)。

    A) 循环队列   B) 带链队列

    C) 二叉树   D) 带链栈

81. 下列数据结构中,能够按照"先进后出"原则存取数据的是(　　)。

    A) 循环队列   B) 栈

    C) 队列   D) 二叉树

82. 对于循环队列,下列叙述中正确的是(　　)。

    A) 队头指针是固定不变的

    B) 队头指针一定大于队尾指针

    C) 队头指针一定小于队尾指针

    D) 队头指针可以大于队尾指针,也可以小于队尾指针

83. 算法的空间复杂度是指(　　)。

    A) 算法在执行过程中所需的计算机存储空间

  B）算法所处理的数据量

  C）算法程序中的语句或指令条数

  D）算法在执行过程中所需要的临时工作单元数

84. 软件设计中划分模块的一个准则是（ ）。

  A）低内聚低耦合   B）高内聚低耦合

  C）低内聚高耦合   D）高内聚高耦合

85. 下列选项中不属于结构化程序设计原则的是（ ）。

  A）可封装   B）自顶向下

  C）模块化   D）逐步求精

86. 数据库管理系统是（ ）。

  A）操作系统的一部分   B）在操作系统支持下的系统软件

  C）一种编译系统   D）一种操作系统

87. 在 E-R 图中，用来表示实体联系的图形是（ ）。

  A）椭圆形   B）矩形

  C）菱形   D）三角形

8.8.2 填空题

1. 算法的复杂度主要包括_____复杂度和_____复杂度。

2. 数据的逻辑结构在计算机存储空间中的存放形式称为数据的_____。

3. 若按功能划分，软件测试的方法通常分为_____测试方法和_____测试方法。

4. 如果一个工人可管理多个设施，而一个设施只被一个工人管理，则实体"工人"与实体"设备"之间存在_____联系。

5. 关系数据库管理系统能实现的专门关系运算包括_____、_____和_____。

6. 在先左后右的原则下，根据访问根结点的次序，二叉树的遍历可以分为三种：_____、_____和_____。

7. 结构化程序设计方法的主要原则可以概括为_____、_____和_____和_____。

8. 软件的调试方法主要有_____、_____和_____。

9. 数据库系统的三级模式分别为_____、_____和_____。

10. 数据字典是各类数据描述的集合，它通常包括五个部分，即_____、_____、_____、和_____。

11. 设一棵完全二叉树共有 500 个结点，则在该二叉树中有_____个叶子结点。

12. 在最坏情况下，冒泡排序的时间复杂度为_____。

13. 面向对象的程序设计方法中涉及的对象是系统中用来描述客观事物的一个_____。

14. 软件的需求分析阶段的工作，可以概括为四个方面：_____、需求分析、编写需求规格说明书和需求评审。

15. 数据库管理系统常见的数据模型有_____、_____和_____三种。

16. 数据结构包括数据的_____结构和数据的存储结构。

17. 软件工程研究的内容主要包括：_____技术和软件工程管理。

18. 与结构化需求分析方法相对应的是_____方法。

19. 关系模型的完整性规则是对关系的某种约束条件，包括实体完整性、_____和自定义完整性。

20. 在最坏情况下，堆排序需要比较的次数为_____。

21. 栈的基本运算有三种_____、_____和_____。

22. 在面向对象方法中，信息隐蔽是通过对象的_____性来实现的。

23. 数据流的类型有_____和事务型。

24. 数据库系统中实现各种数据管理功能的核心软件称为_____。

25. 关系模型的数据操纵即是建立在关系上的数据操纵，一般有_____、增加、删除和修改四种操作。

26. 实现算法所需的存储单元多少和算法的工作量大小分别称为算法的_____。

27. 数据结构包括数据的逻辑结构、数据的_____以及对数据的操作运算。

28. 一个类可以从直接或间接的祖先中继承所有属性和方法。采用这个方法提高了软件的_____。

29. 面向对象的模型中，最基本的概念是对象和_____。

30. 软件维护活动包括以下四类_____、_____、_____和_____。

31. 算法的基本特征是_____、_____、_____和_____。

32. 顺序存储方法是把逻辑上相邻的结点存储在物理位置_____的存储单元中。

33. Jackson 结构化程序设计方法是英国的 M.Jackson 提出的，它是一种面向_____的设计方法。

34. 数据库设计分为以下 6 个设计阶段：需求分析阶段、_____、逻辑设计阶段、物理设计阶段、实施阶段、运行和维护阶段。

35. 数据库保护分为：安全性控制、_____、并发性控制和数据的恢复。

36. 测试的目的是暴露错误，评价程序的可靠性；而_____的目的是发现错误的位置并改正错误。

37. 在面向对象方法中，类之间共享属性和操作的机制称为_____。

38. 数据结构分为逻辑结构与存储结构，线性链表属于_____。

39. 数据的基本单位是_____。

40. 当循环队列非空且队尾指针等于队头指针时，说明循环队列已满，不能进行入队运算。这种情况称为_____。

第 9 章　习题参考答案

9.1　计算机基础知识

9.1.1　选择题参考答案

1.A	2.B	3.B	4.C	5.B	6.D	7.D	8.C	9.B	10.A
11.C	12.D	13.A	14.C	15.B	16.C	17.D	18.B	19.A	20.C
21.A	22.A	23.B	24.C	25.C	26.C	27.B	28.B	29.C	30.B
31.B	32.B	33.C	34.D	35.C	36.A	37.B	38.A	39.D	40.B
41.B	42.B	43.D	44.A	45.B	46.B	47.D	48.C	49.D	50.A
51.B	52.A	53.C	54.A	55.B	56.C	57.B	58.C	59.C	60.A
61.C	62.D	63.D	64.B	65.A	66.B				

9.1.2　填空题参考答案

1. 巨型机、 大型机、 中型机、 小型机、 微型机、单片机

2. 科学计算、数据处理、计算机仿真、过程控制、计算机辅助系统、人工智能

3. 1946、宾夕法尼亚大学、电子管、5000

4. 电子管、 晶体管、 集成电路、 大规模超大规模集成电路

5. 运算器、 控制器、 存储器、 输入设备、输出设备

6. 中央处理器、运算器、控制器

7. 巨型化、 微型化、 网络化、智能化

8. 1001100.11B

9. ASCII、1、2、8

10. 字长、主频、存储容量、MIPS

11. ROM、RAM、ROM、RAM

12. 外部存储器、硬盘、光盘、U 盘（软盘）

9.2　操 作 系 统

9.2.1　选择题参考答案

1.A	2.A	3.B	4.C	5.D	6.C	7.A	8.B	9.A	10.C
11.A	12.A	13.B	14.B	15.D	16.A	17.C	18.B	19.C	20.A
21.D	22.B	23.C	24.C	25.C	26.B	27.B	28.B	29.C	30.D
31.A	32.C	33.D	34.A	35.A	36.D	37.A	38.B	39.C	40.D
41.A	42.A	43.A	44.A	45.B	46.B	47.B	48.D	49.C	50.B
51.D	52.B	53.A	54.B	55.C	56.A	57.A	58.B		

9.2.2　填空题参考答案

1. 操作系统
2. 处理机管理
3. 桌面
4. 标题栏
5. 任务栏
6. 工具
7. Ctrl+A
8. 多个字符、单个字符
9. VS*
10. 还原
11. 5
12. Shift
13. Alt+ PrintScreen
14. Ctrl+C、Ctrl+V
15. Ctrl+Z
16. Ctrl+Space
17. 记事本
18. Backspace
19. Delete
20. 画图
21. WAV

9.3　Word 2010 文字处理

9.3.1　选择题参考答案

1.D	2.D	3.A	4.C	5.B	6.C	7.D	8.C	9.C	10.C
11.C	12.B	13.C	14.A	15.D	16.C	17.C	18.D	19.C	20.B
21.C	22.C	23.C	24.D	25.A	26.B	27.A	28.D	29.B	30.C
31.B	32.D	33.C	34.D	35.C	36.B	37.A	38.C	39.C	40.B
41.B	42.B	43.C	44.B	45.C	46.A	47.D	48.D		

9.3.2　填空题参考答案

1. Esc
2. 页面
3. 五号、宋体
4. 选定（选择或选中）
5. Home、Ctrl+End
6. Enter
7. Alt
8. 该行被删除

9. 打印预览

10. 表格中文本被删除

11. 整个表格被删除

12. 页面布局

9.4　Excel 2010 电子表格

9.4.1　选择题参考答案

1.C	2.A	3.C	4.D	5.C	6.B	7.B	8.B	9.C	10.C
11.C	12.A	13.D	14.D	15.B	16.C	17.D	18.B	19.C	20.D
21.C	22.A	23.B	24.A	25.C	26.A	27.D	28.A	29.D	30.A
31.D	32.A	33.C	34.A	35.D	36.B	37.B			

9.4.2　填空题参考答案

1. xlsx

2. 工作簿、工作表、单元格

3. 16384

4. 左、右

5. 填充

6. 复制工作表、移动工作表

7. 名称框

8. $C$5、C5、$C5 或 C$5

9. =$B$2+B7

10. =B3−$B4+D2

11. =A4+$B$4

12. 及格

13. 排序

9.5　PowerPoint 2010 演示文稿

9.5.1　选择题参考答案

1.D	2.C	3.D	4.B	5.C	6.A	7.B	8.B	9.C	10.B
11.B	12.D	13.B	14.A	15.B	16.B	17.A	18.D		

9.5.2　填空题参考答案

1. 普通视图、幻灯片浏览视图、备注页视图、幻灯片放映视图

2. Esc

3. 普通视图、幻灯片浏览视图

4. 10、8

5. 幻灯片浏览视图、幻灯片放映视图

6. Shift

7. POTX

8. 演讲者放映、观众自行浏览、在展台浏览

9. 幻灯片浏览视图

10. 幻灯片、讲义、备注页、大纲视图

9.6　计算机网络与安全

9.6.1　选择题参考答案

1.B	2.A	3.D	4.B	5.A	6.D	7.D	8.B	9.A	10.C
11.A	12.C	13.A	14.C	15.D	16.C	17.A	18.C	19.D	20.C
21.B	22.D	23.B	24.B	25.C	26.A	27.A	28.B	29.C	30.A
31.B	32.D	33.B	34.C	35.D	36.A	37.C	38.C	39.C	40.A
41.C	42.A	43.D	44.D	45.B	46.D	47.C	48.A	49.A	50.B

9.6.2　填空题参考答案

1. 资源共享、 数据通信、 均衡负荷与分布处理、 综合信息服务

2. 局域网、城域网、广域网

3. TCP/IP

4. 远程联机系统、计算机网络通信、标准开放的计算机网络、高速智能的计算机网络

5. 双绞线

6. 资源共享、信息传递

7. 调制器

8. 32、128

9. 域名解析

10. 物理层、数据链路层、网络层、传输层、会话层、表示层、应用层

9.7　多媒体技术

9.7.1　选择题参考答案

1.B	2.C	3.A	4.A	5.C	6.D	7.C	8.C	9.B	10.A
11.C	12.D	13.B	14.C	15.D	16.D	17.C	18.C	19.C	20.D
21.B	22.A	23.B	24.D	25.D					

9.7.2　填空题参考答案

1. 多样性、 集成性、交互性、 数字化
2. 网络化、 智能化、 标准化、 多领域融合、虚拟现实
3. 文本、 图形、 图像、 动画、 声音、视频

9.8　软件技术基础

9.8.1　选择题参考答案

1.C	2.C	3.B	4.A	5.D	6.B	7.D	8.D	9.C	10.A
11.C	12.A	13.B	14.B	15.D	16.A	17.B	18.D	19.A	20.D
21.D	22.D	23.C	24.A	25.A	26.D	27.B	28.A	29.B	30.B
31.D	32.B	33.C	34.A	35.A	36.D	37.C	38.A	39.D	40.B
41.C	42.B	43.C	44.B	45.B	46.A	47.A	48.B	49.C	50.B
51.C	52.C	53.A	54.D	55.A	56.B	57.D	58.C	59.C	60.B
61.C	62.D	63.B	64.C	65.B	66.B	67.C	68.C	69.A	70.D
71.D	72.C	73.B	74.A	75.D	76.A	77.C	78.D	79.B	80.C
81.B	82.D	83.A	84.B	85.A	86.B	87.C			

9.8.2　填空题参考答案

1. 时间、空间
2. 物理结构（存储结构）
3. 白盒、黑盒
4. 一对多
5. 选择、 连接、投影
6. 前序遍历、中序遍历、后序遍历
7. 自顶向下、逐步求精、模块化、限制使用 goto 语句
8. 强行排错法、回朔法、原因排除法
9. 模式、内部级模式、外部级模式
10. 数据项、数据结构、数据流、数据存储、处理过程
11. 250
12. $O(N^2)$
13. 实体
14. 需求获取
15. 概念数据模型、逻辑数据模型、物理数据模型
16. 逻辑
17. 软件开发

18. 结构化设计

19. 参照完整性

20. $O(n\log_2 n)$

21. 入栈、退栈、读取栈顶元素

22. 封装

23. 变换型

24. 数据库管理系统

25. 查询

26. 复杂度

27. 存储结构

28. 可重用性

29. 类

30. 改正性维护、适应性维护、完善性维护、预防性维护

31. 可行性、确定性、有穷性、拥有足够的情报（有输入/输出项）

32. 相邻

33. 数据结构

34. 概念设计阶段（数据库概念设计阶段）

35. 完整性控制

36. 调试

37. 继承

38. 存储结构

39. 元素

40. 上溢

参 考 文 献

杜茂康. 2009. Excel 与数据处理. 3 版. 北京: 电子工业出版社

段标. 2011. 中文 Word 2007 案例教程. 北京: 电子工业出版社

贾宗福. 2007. 新编大学计算机基础实践教程. 北京: 中国铁道出版社

李晓东, 魏惠茹. 2008. 计算机基础习题与实验指导. 北京: 清华大学出版社

李秀, 等. 2005. 计算机文化基础上机指导. 2 版. 北京: 清华大学出版社

马玉洁, 王春霞, 任竞颖. 2008. 计算机基础教程. 北京: 清华大学出版社

潘明. 2007. 计算机应用技术简明教程. 北京: 清华大学出版社

庞丽萍, 等. 2004. 计算机软件技术导论. 北京: 高等教育出版社

萨师煊, 王珊. 2008. 数据库系统概论. 4 版. 北京: 高等教育出版社

孙全党, 王晓东, 孙全庆. 2008. Flash CS3 中文版应用教程. 北京: 电子工业出版社

孙印杰, 夏跃伟, 高翔. 2009. 新世纪 Internet 技术及应用教程. 2 版. 北京: 电子工业出版社

汤子瀛, 梁红兵, 汤小丹. 2007. 计算机操作系统. 修订版. 西安: 西安电子科技大学出版社

徐兵. 2010. 大学计算机基础案例实验教程. 北京: 清华大学出版社

徐士良, 陈英, 刘晓鸿. 2007. 全国计算机等级考试二级教程公共基础知识. 北京: 高等教育出版社

严蔚敏, 吴伟民. 2007. 数据结构(C 语言版). 北京: 清华大学出版社

杨继, 于繁华, 赵建华. 2006. 大学计算机基础教程及实验指导. 北京: 中国水利水电出版社

张国权, 孙全党, 龙怀冰. 2006. Flash 8 中文版精品动画制作 100 例. 北京: 电子工业出版社

张钧良, 张世波. 2007. 大学计算机基础学习指导. 2 版. 北京: 电子工业出版社

赵增敏. 2010. Excel 2007 实用教程. 北京: 电子工业出版社

赵子江. 2008. 多媒体技术应用教程. 6 版. 北京: 机械工业出版社